DISCOURS

PRONONCÉ

A LA BARRE DES DEUX CONSEILS

D U

CORPS LÉGISLATIF,

AU NOM DE L'INSTITUT NATIONAL

DES SCIENCES ET DES ARTS,

Lors de la présentation des Étalons prototypes du mètre et du kilogramme,

ET DU RAPPORT

SUR LE TRAVAIL DE LA COMMISSION

DES POIDS ET DES MESURES.

IMPRIMÉS PAR ORDRE DES DEUX CONSEILS.

———————

PARIS,

BAUDOUIN, Imprimeur du Corps législatif et de l'Institut national.

MESSIDOR AN VII.

DISCOURS

PRONONCÉ à la barre des deux Conseils du Corps législatif, au nom de l'Institut national des sciences et des arts, lors de la présentation des étalons prototypes du mètre et du kilogramme.

Séance du 4 messidor an 7.

———————

CITOYENS REPRÉSENTANS DU PEUPLE,

L'INSTITUT NATIONAL, obéissant avec reconnoissance à la loi qui le lui prescrit, vient vous rendre compte d'une opération utile au monde, singulièrement honorable pour la Nation française, et qui est heureusement terminée.

On a senti de tous les temps une partie des avantages qu'auroit l'uniformité des poids et des mesures.

Mais d'un pays à l'autre, et dans l'intérieur même de chaque pays, l'habitude, les préjugés s'opposoient sur ce point à tout accord, à toute réforme.

a

En vain *Huigens* dans le siècle dernier, et *Lacondamine* dans celui-ci, avoient, pour préparer ce travail, mis en avant quelques vérités précieuses.

Il falloit un grand évènement, une puissante impulsion politique pour vaincre les répugnances populaires.

L'Assemblée constituante, qui n'a pas toujours pu faire tout ce qu'elle auroit voulu, mais à laquelle aucune grande vue d'utilité publique n'a échappé, a, d'après une motion remarquable du citoyen *Talleyrand*, invité l'Académie des sciences à fonder le système métrique sur une base naturelle.

En effet, aucune nation, employant pour les mesures des élémens arbitraires, ne pouvoit réclamer le droit, ni concevoir l'espérance de faire adopter aux autres ceux qu'elle auroit préférés.

Il falloit donc en trouver le principe dans la nature que tous les peuples ont un intérêt égal à observer, et le choisir tel que sa convenance pût déterminer tous les esprits.

L'Académie des sciences jugea que l'unité

de cette mesure devoit être une partie connue et aliquote de la circonférence du globe terrestre. Elle la fixa au dix-millionième de l'arc du méridien compris entre l'équateur et le pôle boréal.

Cette unité, tirée du plus grand et du plus invariable des corps que l'homme puisse mesurer, a l'avantage de ne pas différer considérablement de la demi-toise et de plusieurs autres mesures usitées dans les différens pays : elle ne choque donc point l'opinion commune. Elle offre un aspect qui n'est pas sans intérêt.

Il y a quelque plaisir pour un père de famille à pouvoir se dire : « Le champ qui fait sub- » sister mes enfans est une telle portion du » globe. Je suis dans cette proportion co-pro- » priétaire du monde. »

Les mesures qui avoient déja été prises de différens arcs du méridien , donnoient à présumer que la dix-millionième partie de l'arc qui s'étend du pôle à l'équateur ne s'écarteroit pas beaucoup de trois pieds onze lignes et quarante-quatre centièmes de l'ancienne mesure française ; et dans l'empressement de prononcer à ce sujet, on a décrété que telle seroit la dimension du mètre provisoire.

Mais il étoit indispensable de constater celle que le mètre définitif devoit tirer de la mesure parfaitement exacte d'un grand arc du méridien.

On a choisi celui qui passe de Dunkerque à Montjouy vers Barcelone, et qui embrasse neuf degrés et deux tiers, ou plus du dixième de l'arc que l'on avoit à connoître.

Il a fallu lier, par des triangles visuels, *tous* les points éminens renfermés dans cette vaste étendue, et jamais une si grande opération géodésique n'avoit été faite. Il a fallu vérifier les résultats que donnoient sur ces triangles les observations et le calcul, en les rapportant à deux bases sévèrement mesurées ; l'une, peu éloignée de *Paris*, entre *Melun* et *Lieursaint*; l'autre entre *Vernet* et *Salces* auprès de *Perpignan*. Il a fallu, par des observations d'Azimuth, s'assurer de la direction des côtés de ces triangles avec la méridienne. Il a fallu des observations astronomiques sur l'arc céleste, correspondant à l'arc terrestre qu'on avoit mesuré.

Les citoyens *Méchain* et *Delambre* ont été chargés de ce travail.

Surmontant une multitude d'obstacles physiques et moraux, ils s'en sont acquittés avec
un degré de perfection dont on n'avoit pas eu
d'idée jusqu'à ce jour.

Et en s'assurant de la mesure qu'on leur de-
mandoit, ils ont recueilli et démontré, sur la
figure de la terre, sur l'irrégularité de son
aplatissement, des vérités aussi curieuses que
nouvelles.

Le citoyen *Delambre* a étendu ses observations sur plus de six degrés et demi depuis Dunkerque jusqu'à Rhodès, et il a mesuré les deux
bases.

Le citoyen *Méchain* a observé depuis Rhodès
jusqu'à Barcelone : il n'y a pas eu pour lui de
Pyrénées. Et il avoit fait tous les préparatifs
nécessaires afin de pousser son travail jusqu'à
l'isle de *Cabrera*, au-delà de celle de *Mayorque;*
ce qui auroit porté la connoissance de cette
méridienne à deux degrés de plus au sud, ou
à plus du huitième de l'arc compris entre le
pôle et l'équateur. On pourra reprendre un
jour cette suite de l'opération.

Celle qui est achevée a prouvé que le mètre

réel n'est que de *cent quarante-cinq millièmes* de ligne plus court que le mètre présumé ou provisoire.

Il a fallu ensuite prendre une division de ce mètre destiné aux mesures de longueur et de surface, l'appliquer aux mesures de contenance, et en faire dériver les mesures de poids, que l'on a fondées sur celui de la quantité d'eau distillée que renfermeroit le cube de la dixième partie d'un mètre.

C'est au citoyen *Lefevre-Gineau* que l'Institut a confié cette dernière partie de l'opération; et il y a mis des soins non moins attentifs ni moins bien conçus que *ceux que les* citoyens *Méchain* et *Delambre* ont eu à employer pour leur pénible tâche.

L'Institut national, qui a voulu donner aux résultats de cet important travail la plus irrésistible authenticité, et répandre sur toutes ses parties le plus respectable concours de lumières, a desiré qu'un grand nombre de savans étrangers y prissent part.

D'après ce vœu, que vous ne pourrez désapprouver, le gouvernement a invité les puissances alliées ou neutres à envoyer en France des savans qui, réunis aux commissaires nommés par l'Institut national, ont formé la Commission des poids et des mesures, et calculé et vérifié toutes les opérations.

C'est un devoir de l'Institut, Citoyens Législateurs, de vous faire connoître les savans distingués qui doivent partager cette gloire.

Il vous les indiquera suivant l'ordre alphabétique de leurs noms : car entre eux tout doit être réglé par les lois de la noble fraternité dont ils sont tous dignes.

Ce sont :

Le citoyen *AEnae*, député de la République batave ;

M. *Balbo*, envoyé par le roi de Sardaigne, et remplacé depuis par le citoyen *Vassalli* ;

Le citoyen *Berthollet*, membre de l'Institut de France et de celui d'Egypte ;

Le citoyen *Borda*, de qui l'Institut pleure la perte depuis le mois de ventose dernier, qui a inventé le cercle répétiteur auquel les savans ont donné son nom, et dont les citoyens *Méchain* et *Delambre* ont, dans toutes leurs opérations géodésiques et astronomiques, fait le plus utile usage ;

Le citoyen *Brisson*, membre de l'Institut;

M. *Buggé*, envoyé par le roi de Danemarck ;

M. *Ciscar*, envoyé par le roi d'Espagne ;

Les citoyens *Coulomb*, *Darcet*, *Delambre*, tous trois membres de l'Institut;

M. *Fabbroni*, député de Toscane, qui a particulièrement concouru au travail du citoyen *Lefévre-Gineau* ;

Le citoyen *Franchini*, député de la République romaine ;

Les citoyens *Haüy*, *Lagrange*, *Laplace*, *Lefévre-Gineau* et *Legendre*, membres de l'Institut ;

Le citoyen *Mascheroni*, député de la République cisalpine ;

Le citoyen *Méchain*, membre de l'Institut;

Le citoyen *Mongès*, membre de l'Institut de France et de celui d'Egypte ;

Le citoyen *Multedo*, député de la République ligurienne ;

M. *Pedrayes*, envoyé par le roi d'Espagne;

Le citoyen *Prony*, membre de l'Institut ;

Les citoyens *Tralles*, député de la République helvétique,

Et *Van-Svvinden*, député de la République batave, que la commission a chargés l'un et l'autre de faire à l'Institut le rapport général et détaillé de tout le travail ;

Le citoyen *Vandermonde*, membre de l'Institut ;

Et enfin le citoyen *Vassalli*, député du gouvernement piémontais.

Nous devons ajouter que l'illustre *Lavoisier*, si regretté de l'Europe, que le laborieux *Tillet*, et que le général *Meunier*, mort à Mayence en défendant la patrie et la liberté, tous trois *membres de l'Académie des sciences*, avoient eu une part importante à tous les travaux préparatoires.

Et nous dirons encore que deux artistes célèbres, ici présens avec la Commission, les citoyens *Lenoir* et *Fortin*, ont contribué au succès en fabriquant, avec l'habileté qui les caractérise, l'un les cercles de *Borda*, et les autres instrumens que les citoyens *Méchain* et *Delambre* ont employés ; l'autre, ceux qui ont été nécessaires à la partie de l'opération relative aux poids, et confiée au citoyen *Lefévre-Gineau*.

Vous aurez remarqué, Citoyens Législateurs, cette utile union des savans étrangers et des savans nationaux.

Elle a été parfaite.

Les étrangers se louent de la franchise sans réserve avec laquelle les citoyens *Méchain, Delambre* et *Lefévre-Gineau* leur ont communiqué tous les détails, tous les registres, et jusques aux moindres notes de leurs opérations.

Ces élémens ont été soumis par les divers membres de la commission, à des calculs séparés, exécutés par des méthodes différentes, et dont l'accord presque inconcevable donne le plus grand degré de certitude.

Vous n'aurez pas manqué d'observer aussi que ce sont deux savans étrangers, un Helvétien et un Batave, à qui la Commission et l'Institut ont remis le soin d'en rédiger, pour ainsi dire, le procès-verbal, et d'en résumer l'histoire.

C'étoit un exemple qu'il convenoit peut-être à la Nation française de donner de ses justes égards pour les nations amies. Puissent-elles être toujours bien convaincues que nous les regardons en tout comme de véritables sœurs !

Ce choix a été justifié.

Le citoyen *Trallès* a fait le rapport de la manière dont on a reconnu et déterminé les poids.

Le citoyen *Van-Svvinden* a décrit la mesure de l'arc du méridien, et fondu dans un seul rapport son travail et celui de son collègue.

L'Institut regrette que l'importance et l'urgence de vos travaux ne lui permettent pas de vous donner lecture de ce rapport, dont le manuscrit sera déposé aux archives de la République, *et qui vous sera remis* indivi-duellement après l'impression.

Vous auriez éprouvé une grande satisfaction en voyant la multitude des précautions qui ont été prises dans la mesure d'étendue pour s'assurer du centre véritable des différens points de mire; pour traduire en triangles horizontaux les triangles plus ou moins inclinés, et inclinés en différens sens, que l'on avoit à mesurer ; pour niveler cet immense espace de neuf degrés et deux

tiers du méridien ; pour trouver dans la différente dilatation des métaux dont on a com-
posé les *modules* un thermomètre qui mît à
portée d'apprécier avec justesse l'influence de
chaque degré de température ; enfin pour
empêcher que, dans la mensuration des bases,
l'instrument pût être exposé au moindre dépla-
cement, à la plus légère secousse.

Vous n'auriez pas été moins frappés de celles
qui ont été employées pour mesurer et pour
perfectionner le cylindre qui, en déplaçant une
certaine quantité d'eau distillée, a indiqué la
la mesure de poids ; pour comparer les pesées
à l'air libre, et dans le vide, et dans l'eau ;
pour *connoître la température où se trouve le*
maximum de la densité de l'eau dans son état
liquide ; et pour s'assurer de la différence qui
doit exister entre l'étalon usuel fabriqué de
laiton, et l'étalon prototype en platine, afin
que l'usuel qui est d'un métal plus volumineux
n'égale exactement que le poids de l'eau déplacée
par l'autre.

Ces précautions si habilement multipliées donnent une idée du degré de sagacité auquel peut

s'élever l'esprit humain dans les sciences physiques ; et le compte que le citoyen *Van-Svvinden* en a rendu, a paru à l'Institut offrir un modèle de la perfection dans l'art d'expliquer leurs travaux, de les faire comprendre même aux citoyens qui n'ont pas spécialement cultivé ces sciences.

Nous possédons à présent et le *mètre* de la nature pour les mesures linéaires, et le *kilogramme* vrai qui en résulte.

Après vous les avoir présentés, l'Institut va en déposer les prototypes dans les archives nationales ; ils y seront conservés avec un soin religieux.

Jamais l'ignorance et la férocité des peuples barbares ne les enlèveront à la vaillance, au patriotisme, aux vertus des Républicains et d'une nation éclairée sur ses intérêts, sur son honneur, sur ses droits.

Mais si un tremblement de terre engloutissoit, s'il étoit possible qu'un affreux coup de foudre mît en fusion le métal conservateur de cette mesure, il n'en résulteroit pas, Citoyens Législateurs, que le fruit de tant de travaux, que le type général des mesures pût être perdu pour la gloire nationale, ni pour l'utilité publique.

Précisément dans l'intention d'établir un moyen conservateur du *mètre*, le citoyen *Borda*, à qui les sciences ont tant d'autres obligations, a déterminé, avec la plus grande précision, les dimensions du *pendule* qui bat les secondes à Paris. Des barres de platine ont été préparées pour faire à volonté, et par-tout où on les transportera, d'autres *pendules* de comparaison.

On va s'occuper à connoître, avec la même exactitude, la longueur du *pendule* qui battra des secondes au niveau de la mer, et au quarante-cinquième degré de latitude, à une température déterminée. On *vérifiera scrupuleusement* le nombre de millimètres qu'il contient.

Ensuite avec tout autre pendule du même métal, qui battra les secondes au même degré de latitude, au même niveau, à la même température, et d'après la longueur de ce pendule qu'on saura devoir être de tant de millimètres, on pourra toujours, sans être obligé de mesurer de nouveau l'arc de la terre, construire un nouveau mètre prototype qui sera aussi exactement que le premier le dix-millionième de l'arc du méridien, compris entre le pôle boréal et l'équateur.

Tel est le signe de rappel, offert aussi par la nature, pour le système métrique, dont le travail des citoyens *Méchain* et *Delambre*, et celui de la commission des poids et des mesures ont déterminé la base.

L'*Institut* national désire que ce travail ait votre approbation.

RAPPORT

FAIT

A L'INSTITUT NATIONAL

DES SCIENCES ET ARTS,

LE 29 PRAIRIAL AN 7,

Au nom de la *Classe des Sciences mathématiques et physiques* ,

Sur la mesure de la méridienne de France, et les résultats qui en ont été déduits pour déterminer les bases du nouveau système métrique (1).

Citoyens,

Employer pour unité fondamentale de toutes les mesures un type pris dans la nature même , un type aussi inaltérable que le globe que nous habitons ; proposer un

---

(1) Il avoit été lu à la classe des Sciences physiques et mathématiques , au nom de la commission des poids et mesures , deux rapports particuliers , l'un le 6 prairial , par le citoyen *Van Swinden* , sur la mesure de la méridienne et la détermination du mètre ; l'autre le 11 du même mois , par le

A

système métrique dont toutes les parties sont intimement
liées entre elles, toutes dépendantes de ce type primitif,
et dont les multiples et les subdivisions suivent une
progression naturelle, simple, facile à saisir, et toujours
uniforme : c'est assurément une idée belle, grande,
sublime, digne du siècle éclairé dans lequel nous vivons.
Aussi l'Académie des Sciences, qui se rappeloit que, dès
sa naissance, la théorie et les expériences de *Huigens*
sur le pendule simple avoient fixé les yeux du monde
savant sur l'invariabilité et l'universalité des mesures ;
qui en sentoit toute l'importance ; qui connoissoit les
vœux des mathématiciens sur ce sujet ; qui avoit vu l'un
de ses membres, le célèbre *La Condamine*, s'employer,
avec un grand zèle, pour en faire goûter l'idée, et pour
détruire les objections que l'ignorance et la cupidité ne
cessoient alors, comme elles ne cessent encore aujour-
d'hui, d'y opposer (1), ne manqua-t-elle pas de saisir le
*moment même auquel le Peuple Français commençoit à
s'occuper de sa régénération politique et sociale*, pour
reprendre cette matière intéressante, dont l'exécution
n'attendoit, peut-être, que l'instant où l'impulsion donnée
aux esprits feroit saisir avidement tout ce qui peut tendre
au bien public, et où les circonstances permettroient de

---

citoyen *Tralles*, sur l'unité des poids. La classe a décidé que ces deux
rapports seroient réunis et refondus en un seul, pour être lu à une séance
générale de l'Institut ; et elle a chargé la commission de nommer un de ses
membres pour en faire la rédaction. Cette rédaction a été faite par le citoyen
Van Swinden.

(1) Mémoires de l'Académie pour 1748.

s'en occuper sans entraves et avec succès. Consultée
bientôt par l'Assemblée constituante, dont l'attention
venoit d'être fixée sur cet objet par la proposition qu'en
fit le citoyen *Talleyrand* (1), et chargée par elle de déterminer l'unité des mesures et celle des poids, elle em-
ploya, par des raisons sages qu'elle a développées dans
le temps (2), pour base de tout le systême métrique, le
quart du méridien terrestre compris entre l'équateur et le
pôle boréal ; elle adopta *la dix-millionnième partie de cet
arc* pour *l'unité des mesures*, et nomma *mètre* cette unité,
qu'elle appliqua également aux mesures de surfaces
et de contenance, en prenant pour l'unité des premières
le quarré du décuple, et pour celle de contenance le cube
de la dixième partie du mètre ; *elle choisit pour unité
de poids* la quantité d'eau distillée que contient ce même
cube, lorsqu'elle est réduite à un état constant que la
Nature elle-même présente ; enfin elle décida que les
multiples et les sous-multiples de chaque sorte de mesure,
soit de poids, soit de contenance, soit de surface, soit de
longueur, seroient toujours pris en progression décimale,
*comme la plus simple, la plus naturelle et la plus facile
pour le calcul* dans le systême de numération que l'Europe entière emploie depuis des siècles. Tels sont les
points fondamentaux et essentiels du nouveau systême
métrique que l'Académie a proposé, qui a été adopté
par l'Assemblée constituante, et qui, sous des noms
différens à la vérité de ceux dont l'Académie avoit fait

(1) Décret du 8 mai 1790.   (2) Mémoires de l'Académie pour 1789.

A 2

choix, ont été consacrés par la loi du 18 germinal de l'an 3ᵉ de la République.

Mais, puisque la base du nouveau systême métrique dépend du quart du méridien terrestre, il faut connoître la grandeur de cet arc, sinon avec une précision extrême, au moins avec une précision suffisante pour la pratique. On avoit déja fait en France, depuis la fin du dernier siècle, différentes opérations pour déterminer la grandeur de plusieurs arcs de la méridienne qui traverse ce vaste empire; et quoiqu'il restât des doutes sur l'entière exactitude de ces opérations, malgré les vérifications qu'on en avoit faites à différentes reprises, on étoit autorisé à croire, d'après les recherches du célèbre *La Caille*, que le degré moyen ne s'écarteroit pas beaucoup de 57,027 toises ; conséquemment que le quart du méridien en contiendroit 5,132,430, et que la dix-millionnième partie de cet arc répondroit à 443 lignes $\frac{443}{1000}$ —. *Dans la juste impatience où l'on étoit de jouir du grand bienfait de mesures exactes, uniformes, universelles,* on attribua *provisoirement* au mètre la longueur de 443 lignes $\frac{44}{100}$, persuadé, comme on croyoit pouvoir l'être, que les déterminations plus précises qu'on attendoit n'apporteroient à cette grandeur que de légers changemens.

Cependant l'Académie, qui considéroit cette matière sous son vrai point de vue, dans son ensemble, et sous tous ses rapports ; sous le rapport de l'utilité publique, sous celui de sa liaison intime avec les points les plus importans de la physique céleste, sous le rapport même de la gloire nationale, à laquelle il importe que les bases d'un nouveau système métrique qu'on propose à une grande nation, qu'on voudroit voir adopter par toutes, soient déterminées avec la plus grande précision, conçut le beau projet de faire faire une nouvelle mesure de la méridienne qui traverse la France, de l'étendre au-delà des frontières, d'aller jusqu'à Barcelone, et de faire servir ce grand arc à déterminer le quart du méridien de la Terre. L'Assemblée constituante adopta ce vaste projet, elle en confia l'exécution à l'Académie : celle-ci nomma, sans délai, plusieurs de ses membres pour s'occuper des différentes parties qui font l'ensemble du système métrique ; et définitivement elle chargea de la mesure du méridien les citoyens *Méchain* et *Delambre*, si dignes à tous égards de la mission glorieuse, mais pénible, dont on les a honorés. L'Institut nomma, par la suite, le citoyen *Lefévre-Gineau* pour faire les expériences relatives à la détermination de l'unité des poids ; il a prouvé, par la beauté et l'exactitude de son travail, combien il étoit digne d'être associé à ses illustres confrères.

Cette grande et importante opération, projetée par l'Académie des Sciences pour l'établissement d'un nouveau système métrique, commencée par ses ordres, et heureusement terminée sous les auspices de l'Institut, après sept années de peines et de travaux, est remarquable à plusieurs égards. Elle l'est d'abord par l'étendue de l'arc terrestre qu'on a employé, et qui, étant de plus de neuf degrés et deux tiers, surpasse tous ceux qui avoient

été mesurés jusqu'ici : elle l'est ensuite, par l'extrême
exactitude avec laquelle toutes les parties en ont été
exécutées; mesure géodésique de l'arc terrestre, observations astronomiques, travail pour la fixation de l'unité
de poids, expériences sur la longueur du pendule, tout
a marché de pair ; chaque genre a été traité avec la même
précision : elle est enfin remarquable, et peut-être unique,
par le degré d'authenticité dont elle est revêtue. En effet,
l'Institut a desiré, non-seulement que des commissaires
choisis dans son sein examinassent tout ce qui avoit été
fait, mais encore que des savans étrangers pussent se
joindre à eux pour faire un travail commun. Le gouvernement a accueilli ce vœu; il a invité les puissances
alliées ou neutres d'envoyer des députés pour cet objet.
Plusieurs se sont rendues à cette invitation; et ces députés,
réunis aux commissaires français, composent la commission des poids et mesures (1) qui s'est assemblée depuis quelques mois dans ce palais, et sous vos auspices,
pour fixer définitivement la grandeur des bases du nou-

(1) Voici par ordre alphabétique les noms des membres de la commission
des poids et mesures. *Aeneae*, député de la république batave; *Balbo*,
député du roi de Sardaigne, remplacé ensuite par le citoyen *Vasalli*; *Borda*,
mort en ventose dernier; *Brisson*; *Bugge*, député du roi de Dannemarck;
Ciscar, député du roi d'Espagne; *Coulomb*, *Darcet*, *Delambre*; *Fabbroni*,
député de la Toscane; *Lagrange*, *Laplace*, *Lefévre - Gineau*, *Legendre*;
Franchini, député de la république Romaine; *Mascheroni*, député de la
république Cisalpine; *Méchain*; *Multedo*, député de la république Ligurienne;
Péderayes, député du roi d'Espagne; *Prony*; *Tralles*, député de la république
Helvétique; *Van Swinden*, député de la république batave; *Vasalli*, député
du gouvernement provisoire du Piémont.

veau système métrique. Cette commission a pris une
connoissance intime de tous les détails de chaque observation, de chaque expérience ; elle en a pesé les circonstances ; conjointement avec les observateurs eux-
mêmes, elle a déduit des observations les résultats qui
devoient servir au calcul, et a arrêté les unités de mesures et de poids, résultats définitifs de tout le travail.
Jamais pareille opération n'avoit été soumise à pareille
épreuve ; et la commission se fait un devoir, et un plaisir,
de faire connoître à l'Institut que les citoyens *Méchain*,
Delambre et *Lefévre-Gineau* se sont empressés à faire
passer sous ses yeux jusqu'aux moindres détails de leurs
registres originaux ; qu'ils lui ont donné sur chaque objet
tous les éclaircissemens possibles ; qu'ils lui ont expliqué
avec précision tous les instrumens dont ils se sont servis ;
qu'ils ont rendu compte des méthodes qu'ils ont employées ; qu'ils ont prévenu les desirs des commissaires
sur *tous les points*, avec toute la complaisance qu'on
pouvoit attendre de confrères et d'amis, et avec cette
noble franchise qui caractérise des observateurs exacts,
lesquels, loin de redouter un examen sévère, desirent,
au contraire, qu'on le fasse rouler minutieusement sur
tous les détails, et qu'on le pousse même jusqu'au scrupule, bien sûrs que c'est le meilleur moyen de faire
paroître la vérité dans tout son éclat.

Chargé de vous rendre compte du travail de ces excellens observateurs, et de ce qui a été fait par la commission des poids et mesures pour la fixation des *unités* qui
servent de base au nouveau système métrique, qu'il me

soit permis, pour mettre de l'ordre dans la multitude des matières que je dois soumettre à votre jugement, de vous entretenir d'abord de ce qui concerne la mesure de l'arc du méridien, et la détermination du mètre, ou de l'*unité* des mesures linéaires, qui en est le résultat ; de vous exposer ensuite les expériences qu'il a fallu faire pour parvenir à fixer l'*unité* du poids ; enfin, en vous présentant les étalons de ces *deux unités*, de vous proposer quelques réflexions sur leur nature, leur usage, et la manière de les rétablir avec la plus grande exactitude, quand même tous les étalons viendroient à être anéantis, et qu'il n'en restât que le nom : avantage précieux de ces nouvelles mesures, et qui leur assure le titre de mesures invariables.

Commençons par ce qui concerne la mesure de la méridienne. Les citoyens *Méchain* et *Delambre* se sont partagé cet immense travail. La partie boréale, depuis Dunkerque jusqu'à Rodès, est échue à celui-ci, et le citoyen *Méchain* a fait tout le reste depuis Rodès jusqu'à Barcelone ; il a vivement regretté que les circonstances ne lui aient pas permis de prolonger ses opérations jusqu'à l'île de *Cabréra*, comme il l'avoit desiré. Il avoit même fait tous les préparatifs pour ce travail ; il avoit entrepris les courses nécessaires pour examiner le local, et constater les stations qu'il conviendroit d'employer ; il a tracé sur le papier les triangles qu'il faudra mesurer : de sorte que toute cette partie est ébauchée, et que, graces à son activité et aux soins qu'il s'est donnés sur cet objet, il sera facile d'ajouter cet arc à celui qui vient d'être mesuré , et de prolonger encore la méridienne de deux degrés. Espérons que des circonstances favorables permettront d'exécuter un jour ce qui n'a pu l'être jusqu'ici.

Vous savez qu'il faut, pour la détermination de la méridienne , quatre genres d'observations ; d'abord des observations *géodésiques* , qui consistent à mesurer tant les angles que font entr'elles les stations qu'on a choisies , que ceux d'élévation ou de dépression de chacune des stations , par rapport à celle à laquelle on pointé l'instrument, afin de pouvoir réduire à l'horizon les angles primitivement observés , et de former une chaîne non interrompue de triangles, qui se termine aux deux extrémités de la méridienne. Il s'agit ensuite de mesurer des bases, qu'on lie à la chaîne des triangles : l'une d'elles sert à déterminer par le calcul les cotés de chaque triangle , et l'autre est employée à vérifier l'opération et à la rectifier , s'il est nécessaire. Il faut, en troisième lieu , connoître la direction des côtés des triangles par rapport à la méridienne ; ce qui exige des observations *d'azimuth*. Enfin il est nécessaire de faire des observations astronomiques pour connoître l'arc céleste, auquel répond l'arc terrestre de la méridienne , qu'on a mesuré géodésiquement. Nous allons reprendre ces quatre genres d'observations , pour faire connoître ce que les observateurs ont fait, quel est le degré d'exactitude auquel ils sont parvenus , quelle est la manière dont la commission a discuté leur travail , et s'est convaincue de la précision rare avec laquelle cette opération a été exécutée,

B

La partie géodésique forme un travail long et pénible par sa nature, mais qui a été singulièrement augmenté par les différens obstacles que les observateurs ont eu à surmonter. Les circonstances des temps pendant lesquels ils ont fait leurs opérations, et dont nous ne vous rappellerons pas le souvenir, en ont fait naître un grand nombre; mais les observateurs ont trouvé des ressources contre ce genre d'obstacles, dans leur fermeté, dans leur courage, dans leur prudence, et dans ce zèle actif qui les a engagés à supporter *les peines les plus cuisantes, les privations les plus dures, les fatigues les plus rudes,* plutôt que de négliger le travail qui leur avoit été confié, ou même de passer légèrement sur ce qui pouvoit contribuer à sa perfection. A ces obstacles, s'en joignoient d'autres, produits par des circonstances locales : souvent, et sur-tout dans la partie boréale, et jusqu'à Bourges, au lieu d'employer des signaux faits exprès et placés à volonté, *on a été obligé de se servir de clochers.* Les circonstances et la nature du terrein empêchoient d'en agir autrement; on avoit d'ailleurs l'intention de tirer de cette nouvelle mesure de la méridienne tout le parti possible pour vérifier l'ancienne opération, ce qui a exigé beaucoup de recherches, quelquefois infructueuses, pour constater l'identité des stations; l'intérieur des clochers rendoit l'observation très-pénible, et celle au centre de la station ordinairement impossible. Il falloit donc imaginer des moyens pour déterminer ce centre avec exactitude, et y réduire l'observation faite d'un autre point. La figure des clochers exigeoit beaucoup d'attention pour être sûr qu'on pointoit constamment sûr la même arrête , et que le rayon visuel passoit par le centre , ce qui n'étoit pas toujours facile. Les différentes manières dont les objets ronds sont éclairés à différentes heures du jour , produiroient encore des erreurs si on n'y avoit égard. Les signaux même exigent de l'attention , selon qu'ils se projettent différemment. Il s'agissoit d'étudier la nature des erreurs qui pouvoient résulter de ces différentes causes , et de trouver des formules pour en calculer l'effet. Ce sont autant de recherches que les observateurs ont faites. L'un d'eux , le citoyen *Delambre* , vient de publier les siennes , et toutes les méthodes de réductions qu'il a employées , dans un mémoire singulièrement intéressant (1); et si le citoyen *Méchain* faisoit également part au public de ses profondes méditations sur ces objets , la classe des livres de science se trouveroit de rechef enrichie d'un ouvrage *du premier mérite. En un mot , c'est en employant* tout ce qu'une longue habitude d'observer leur donnoit de dextérité , ce que leur sagacité leur fournissoit de moyens pour discerner, et pressentir même les différentes causes d'erreur qui pouvoient avoir lieu , et leurs connoissances mathématiques de ressources pour les calculer , que les citoyens *Méchain* et *Delambre* sont parvenus à vaincre tous les obstacles , et à élever un monument éternel à la gloire de l'Académie , de l'Institut, des Sciences , de la

---

(1) *Méthodes analytiques pour la détermination d'un arc du méridien :* à Paris , chez *Duprat* , in-4º. : cet ouvrage est précédé d'un mémoire du citoyen *Legendre* sur le même sujet.

Nation Française même ; gloire à laquelle , graces à leurs travaux , la leur propre est à jamais intimement liée.

Les observateurs se sont servis pour la mesure des angles , dans quelque genre d'observation que ce soit , du cercle entier de *Borda* , qu'on pourroit nommer à juste titre *cercle répétiteur* , par le précieux avantage qu'il procure de répéter pour ainsi dire l'angle à observer , en permettant d'en prendre tel multiple qu'on desire , et conséquemment de diminuer en même raison les erreurs , inévitables d'ailleurs ; soit à cause des limites de nos sens , soit à cause de celles de la perfection des instrumens , et de les rendre à la fin insensibles. L'utilité de ce cercle , construit avec un grand soin , sous les yeux de *Borda* même , par le célèbre artiste *Lenoir* , avoit déja été pleinement prouvée par les observations que les citoyens *Cassini* , *Méchain* et *Legendre* avoient faites en 1787 pour la jonction des observatoires de Paris et de Greenwich , *et dans lesquelles ils sont parvenus à un* degré de précision inconnu jusqu'alors ; et s'il pouvoit rester encore quelque doute sur l'extrême exactitude qu'on peut obtenir au moyen de ce cercle , quand on s'en sert d'ailleurs avec les précautions qu'il exige , les observations des citoyens *Méchain* et *Delambre* suffiroient pour les dissiper entièrement.

Ordinairement il a été fait à chaque station plus d'une série d'observations , et les observateurs ont formé chaque série du nombre d'observations qu'ils ont cru nécessaires pour parvenir à un résultat constant et suffisamment exact; ils ont noté dans leurs registres les nombres indiqués par

chaque observation, ainsi que les circonstances particulières qui avoient eu lieu, soit pour la manière dont les objets étoient éclairés, soit pour celle dont ils se projettoient,
soit pour la partie à laquelle on pointoit, soit pour l'état
de l'atmosphère ; en un mot, ils y ont marqué tout ce
qui peut servir à constater la valeur intrinsèque d'une
observation. Aussi les membres de la commission qui
ont été nommés pour le dépouillement de ces registres,
ont-ils pu juger de cette valeur, et par les notes dont
nous venons de parler, et par les renseignemens que les
observateurs ont eu la complaisance d'ajouter de vive
voix, et par la marche de chaque série d'observations,
et par l'accord des différentes séries entre elles.

Cet examen a mis les commissaires en état de fixer la
valeur de chaque angle d'une manière abstraite, et sans
faire attention, ni aux autres, ni à ce que la somme des
trois angles d'un même triangle, fixés de cette manière,
pourroit fournir ; ils ont cru devoir prendre les observations telles qu'elles sont, sans y faire la moindre cor-
rection, sans rien arranger après coup. Pour cet effet,
ils ont pris pour chaque angle le milieu entre les résultats des différentes séries d'observations faites pour le
déterminer ; résultats qui d'ailleurs différoient très-peu
entre eux ; et ils l'ont déterminé ce milieu, soit en ayant
simplement égard aux résultats de chaque série, soit
en faisant entrer en ligne de compte le nombre des observations ; soit en accordant plus de poids à celles qui
paroissoient préférables, et en rejettant celles que les
observateurs eux-mêmes avoient notées comme peu dignes

de confiance ; enfin en employant toutes les ressources
que l'art de discuter des observations et une saine cri-
tique en ce genre peuvent fournir, et en donnant autant
d'attentions et de soins à la détermination de dixièmes
de seconde (car c'est ordinairement sur des quantités
de ce genre que rouloient les discussions, rarement sur
des secondes entières), que s'il s'agissoit de quantités
considérables. Les commissaires ont formé de cette manière des tableaux de tous les triangles qui ont servi à
la détermination de la méridienne ; ils les ont présentés
à la commission générale, ensemble avec le détail de
la méthode qu'ils ont employée, et des raisons de leurs
déterminations. La commission a arrêté ces tableaux,
et les a déposés dans les archives de l'Institut comme
des pièces authentiques, lesquelles renferment tous les
principes qui doivent servir au calcul des triangles
et des parties de la méridienne ; comme c'est effective-
ment sur eux que les calculs ont été faits par la suite.

Pour vous faire juger de la précision que les observateurs ont obtenue dans cette partie de leur travail,
nous vous dirons, que sur quatre-vingt-dix triangles qui
joignent les extrémités de la méridienne, il y en a trente-
six dans lesquels la somme des trois angles diffère de
moins d'une seconde de ce qu'elle auroit dû être ; c'est-
à-dire, dans lesquels l'erreur des trois angles pris ensemble est de moins d'une seconde ; qu'il y en a de plus,
vingt-sept où cette erreur est au-dessous de deux secondes ; que dans dix-huit autres elle ne monte pas à trois
secondes ; et qu'il n'y en a que quatre dans lesquels elle

est entre trois et quatre secondes, et trois seulement où
elle est au-dessus de quatre, mais au-dessous de cinq.
Nous doutons qu'on puisse parvenir à une plus grande
exactitude, sur-tout dans les pays qu'il a fallu traverser :
aussi ceux qui considéreroient ces tableaux sans être instruits de la manière dont ils ont été formés, pourroient
être tentés de croire, à la vue de cette précision, qu'on a
arrangé les choses après coup, pour donner à l'ensemble
cet air d'exactitude; mais les registres originaux des observateurs, les résultats qu'eux-mêmes avoient envoyés à
Paris long-temps avant la mesure des bases, et dans le
temps qu'ils étoient encore occupés à leurs opérations, et
le travail des commissaires prouvent le contraire de la manière la plus authentique; on ne s'est permis aucune cor-
rection arbitraire ou conjecturale, quelque légère qu'elle
pût être : et tous les angles ont été déterminés d'après
des considérations puisées dans les observations mêmes.
  De la mesure des angles passons à ce qui concerne
les bases. Le citoyen *Delambre* en a mesuré deux :
l'une entre Melun et Lieusaint; l'autre près de Perpignan, entre Vernet et Salces.

  Ce n'est pas un travail aussi facile qu'on pourroit le
croire au premier abord, que cette mesure d'une base : il
faut une infinité d'attentions scrupuleuses sur tous les
élémens qui constituent cette mesure, et de précautions
sur les causes multipliées qui pourroient produire des erreurs; il faut des méthodes exactes pour réduire la somme
de toutes les parties contenues entre les deux extrémités
de la base, à cette longueur, qui doit être considérée

comme la vraie base, comme l'arc terrestre compris entre
ces deux extrémités. On peut assurer que rien n'a été
négligé, ni dans la mesure, ni dans les calculs de réduction. Le citoyen *Delambre* a détaillé, dans le mémoire
que nous avons déja cité, les méthodes qu'il a adoptées
et les moyens dont il s'est servi dans des cas qui pré-
sentoient des difficultés.

Il faut, disons-nous, des attentions sur les différens
élémens qui constituent cette opération. Il en faut
d'abord sur la longueur exacte des *instrumens* qu'on
emploie; elles ont été prises. Ces *instrumens* ont été
construits, avec beaucoup de soin, par le citoyen *Lenoir*,
d'après les idées du citoyen *Borda*, et sous ses yeux.
Ce sont quatre règles de platine : chacune d'elles est re-
couverte, jusqu'à quelques pouces de son extrémité antérieure, d'une pareille lame de laiton, mobile selon la
longueur de la règle de platine, et fixée à celle-ci par
l'autre extrémité. *Cette lame forme, par les différentes
dilatations que la même variation de température fait
éprouver au laiton et au platine, un thermomètre métal-
lique très-sensible, dont les divisions sont gravées sur
l'extrémité antérieure, laquelle porte un vernier et un
microscope pour voir et évaluer les sous-divisions.* On
sent qu'il a été fait, avant qu'on se soit servi de ces
règles, nombre d'expériences pour constater la dilatation de ces métaux, l'état des thermomètres métalliques,
leurs marches et leur comparaison aux thermomètres
ordinaires. On a également comparé les longueurs des
règles n°. 2, n°. 3, n°. 4, à la règle n°. 1, à laquelle

on a tout réduit, et que, par cette raison, nous nommerons désormais le *module;* comparaison qui a été faite
par des moyens si exacts, qu'ils ne laissent pas de doute
sur des deux-cent-millièmes parties. Le citoyen *Borda*
a remis à la commission le mémoire qui contient le détail de toutes ces expériences. Cette pièce fera une partie
intéressante et essentielle du recueil qu'on publiera sur
cette grande opération.

Il faut ensuite des précautions pour que ces règles ne
subissent *aucune altération,* soit pendant le transport,
soit pendant qu'on les emploie à la mesure : pour cet
effet elles sont posées chacune, avec les précautions
convenables pour ne pas nuire au mouvement de dilatation et de contraction *qu'elles doivent éprouver* par
les changemens de température, sur des pièces de bois
assez fortes pour ne pas fléchir ni se travailler; elles sont
recouvertes, à quelques pouces de distance, *d'un toît
qui les met à l'abri de l'action directe des rayons du*
soleil.

Il faut encore, avons-nous dit, des précautions dans
l'opération même. D'abord, des précautions pour l'alignement des règles. Des pointes placées avec l'exactitude convenable sur le toît dont nous venons de parler,
servoient de mires, et ont été substituées à l'alignement
au cordeau dont on se servoit anciennement. Ensuite, des
précautions pour que les règles qui sont encore posées
à terre, ne soient pas déplacées de la plus petite quantité et par le choc le plus léger, lorsqu'on veut en placer
une bout à bout avec la dernière de celles-ci. Pour en être

C

sûr, on ne plaçoit jamais les règles de cette manière, mais on laissoit entre chaque règle et celle qui la précédoit et la suivoit immédiatement un intervalle, qu'on mesuroit ensuite en poussant légèrement, jusqu'au contact parfait, la languette de platine qui est à l'extrémité antérieure des règles et s'y meut dans une coulisse ; languette qui, d'ailleurs, porte un vernier et un microscope, pour connoître le nombre des divisions contenues dans l'intervalle qu'on a laissé entre les deux règles, et qui se trouve rempli par la languette. Précautions encore pour recommencer chaque jour l'opération au même point où elle avoit été terminée la veille : elles ont été prises par des moyens aussi exacts que simples. Précautions enfin, pour être sûr de ne pas se tromper dans le compte du nombre des règles qu'on a posées sur le terrein, ni dans celui des parties de languettes, ou dès thermomètres métalliques, qu'on a observées et qu'on note dans le registre, ni dans aucun des plus petits détails : elles ont toutes été employées jusqu'au scrupule ; et l'on peut être sûr qu'il n'y a aucune erreur sensible dans la mesure actuelle des deux bases. On en trouve d'ailleurs la preuve dans l'opération même, puisque la différence entre la partie qu'on avoit mesurée pendant un jour entier, et qui s'élevoit à soixante-dix modules, mais sur laquelle on croyoit pouvoir former quelque doute, à cause qu'il avoit soufflé ce jour-là un vent très-violent, et la même partie mesurée une seconde fois le lendemain, dans des circonstances favorables, n'a guère monté qu'à la quatre-millième partie du module, ou environ à la deux-cent-soixante-dix millième partie de tout l'intervalle mesuré ce jour-là.

Mais la somme de toutes les parties comprises entre les extrémités de la base, et mesurées avec l'exactitude dont nous venons de parler, ne forme pas la base vraie. D'abord ces règles ont eu à différens jours des températures différentes, indiquées par les thermomètres métalliques, et, par conséquent, des longueurs qui n'ont pas toujours été les mêmes; il s'agit de les réduire à une *température donnée*, et par là à une longueur constante : première réduction. Ensuite ces règles, quoique portées sur des trépieds montés sur des vis, afin que les languettes puissent être en contact immédiat précisément au point qu'il faut, ne sauroient être de niveau, à cause des inégalités du terrain. Leur ensemble forme une somme de lignes droites différemment inclinées. Il a donc fallu connoître l'inclinaison des règles par rapport à l'horizon; aussi a-t-elle toujours été mesurée pour chaque règle, au moyen d'un niveau aussi simple qu'ingénieux, inventé par le citoyen *Borda*, et exécuté par le citoyen *Lenoir* : on le posoit sur le toît de chaque règle à des points fixes, uniquement destinés à cet objet; on a donc pu connoître, par le calcul, l'erreur que produit l'inclinaison de chaque règle, et avoir la longueur de la ligne unique qu'il s'agit de connoître : seconde réduction.

Mais cette ligne unique n'est pas posée, pour ainsi dire, sur la surface de la mer, niveau constant auquel il faut réduire tous les autres. Le cercle de *Borda*, dont on s'est servi pour la mesure des angles, a fourni

C 2

le moyen de faire cette réduction avec beaucoup d'exactitude, parce qu'il a servi à déterminer, avec une très-grande précision, l'élévation de chaque station au-dessus de celles qui forment avec elle un même triangle, ou sa dépression au-dessous de ces mêmes stations, ou de quelqu'une d'entr'elles ; de sorte que, connoissant, comme on les connoissoit, la hauteur de la tour de Dunkerque au-dessus du niveau de l'Océan, et celle de *Montjouy* au-dessus du niveau de la mer Méditerranée, cette même opération a servi à faire un nivellement exact de toute cette partie de la France et de l'Espagne, que les observateurs ont traversée sur une longueur de près de dix degrés de latitude ; avantage vraiment précieux à beaucoup d'égards. On a donc pu faire le calcul nécessaire pour réduire les bases mesurées aux bases vraies, à l'arc qu'elles forment sur la surface de la Terre, au niveau même de la mer : c'est la troisième réduction qu'il s'agissoit de faire. Et voilà ce qu'il en coûte de peines, de soins, d'attentions, de précautions, de calculs, pour parvenir à ce degré de perfection auquel l'état actuel des Sciences permet d'atteindre, et qu'il exige conséquemment qu'on emploie. Aussi la commission des poids et mesures a-t-elle été intimement convaincue que cette base a été mesurée avec une exactitude rare, supérieure à celle qu'on a pu obtenir dans les opérations du même genre faites précédemment en France, au Pérou ou au Nord ; et il suffit, d'une part, de cette conviction, puisée dans la nature même des moyens et des précautions qu'on a employés , et de se rappeler , de l'autre , que sur des bases de pareille longueur , mesurées au Pérou par des méthodes moins dignes d'une entière confiance , il n'y a pas eu deux pouces , ou un deux-cent-vingt-millième de la base entière , d'incertitude , pour être persuadé qu'il eût été inutile de faire une seconde fois des opérations aussi pénibles.

La longueur des bases se trouve donc exprimée en nombres dont l'unité est la règle n°. 1, ou le *module*; et conséquemment celle de la méridienne , celle du quart du méridien terrestre, seront exprimées en *unités* du même genre. Mais, pour se faire entendre dans la société , et donner une idée exacte de cette *unité* , il faut nécessairement la comparer aux anciennes mesures connues , comme d'autre part , pour ne pas perdre le fruit de tout ce qui a été mesuré dans des temps précédens , il faut réduire les anciennes mesures aux nouvelles. On sent aisément qu'un point aussi important n'a pas été négligé. Avant qu'on eût entrepris la mesure des bases , la règle n°. 1 , ou le *module* , a été comparée exactement à la toise de l'Académie , dite *toise du Pérou* , et l'on a employé des moyens qui permettent de s'assurer de cent millièmes de toises. Les détails de ces expériences sont consignés dans le mémoire du citoyen *Borda* , que nous avons déja cité plus d'une fois. Après son retour , le citoyen *Delambre* n'a pas manqué de faire la comparaison des règles qui avoient servi à la mesure des bases ; et il a trouvé qu'elles n'avoient pas subi le plus léger changement dans leur longueur , et qu'elles avoient conservé avec la double toise le même rapport qu'elles avoient avant d'être employées, sans qu'il y ait aucune différence que nous puissions assigner. Enfin la commission elle-même a chargé quelques-uns de ses membres de faire encore une fois la même comparaison, et de tirer de leur travail tout le parti possible, en comparant à cette occasion, entr'elles, la toise du Pérou, celle du Nord, et celle de *Mairan*, toutes trois devenues célèbres ou importantes; les premières, par les grandes opérations auxquelles elles ont servi, et la troisième, parce que c'est en parties de cette toise que *Mairan* a exprimé les résultats de ses belles expériences sur la longueur du pendule, et que c'est sur elle qu'ont été étalonnées les toises qui ont servi à la mesure de deux degrés terrestres faite près de Rome par les célèbres *Boscovich* et *Lemaire*. Cette nouvelle comparaison du module à la toise du Pérou a encore donné le même résultat; savoir, que les règles n'ont subi aucun changement; et elle a prouvé de plus que le module est exactement le double de la toise du Pérou, et a conséquemment douze pieds de longueur, lorsque le thermomètre centigrade est à $12^o\frac{1}{2}$: d'où l'on déduit, soit par le calcul de la dilatation des métaux, soit par les expériences directes de *Borda*, qu'à la température de $16^o\frac{1}{4}$ (ce qui revient à 13° du thermomètre de Réaumur), le module est plus court que la double toise de $\frac{2}{100}$ de ligne, c'est-à-dire, d'environ un quatre-vingt-cinq-millième du total.

Les observations d'*Azimuth*, si délicates et si diffi-

ciles, ont été faites avec toute l'exactitude dont elles
sont susceptibles, et calculées avec la plus grande précision. On auroit pu se contenter d'observer un seul
Azimuth pour déterminer la direction que forme avec
la méridienne un des côtés d'un seul triangle, puisque
cela suffit pour faire le calcul de la méridienne entière ;
mais il étoit extrêmement important d'en observer plusieurs, parce que la théorie fait entrevoir que si les *Azimuths* calculés diffèrent de ceux qu'on observe réellement, ces *différences* et leur marche peuvent servir à
perfectionner nos connoissances sur la figure de la Terre ;
sur les irrégularités qui peuvent se trouver dans son
intérieur, sur l'action des causes locales ; et il étoit de
la plus haute importance de faire servir cette belle opération à tout ce qui peut contribuer au perfectionnement
de nos connoissances sur ces intéressans objets. Les
observateurs l'avoient trop à cœur ce perfectionnement,
auquel d'ailleurs ils contribuent tant eux-mêmes par
leurs travaux, pour ne pas saisir avec empressement
une occasion aussi favorable de faire des observations
d'*Azimuth* utiles, et plus parfaites que celles qu'on faisoit anciennement en de pareilles occasions. D'ailleurs,
pour déterminer les *Azimuths*, ils ont non-seulement
employé le Soleil, mais encore l'Étoile polaire ; et ils
n'ont rien négligé dans les réductions et dans les calculs de ce qui pouvoit contribuer à l'exactitude du
résultat. Ces observations ont été faites à Watten,
à Bourges, à Carcassone et à Montjouy, c'est-à-dire,
aux deux extrémités de la méridienne ; et dans deux
endroits intermédiaires.

Les observations de Latitude, les dernières dont nous avons à vous rendre compte , ont un degré d'exactitude proportionnée à l'importance dont elles sont pour fixer les résultats d'une opération du genre de celle-ci. C'est encore le cercle de *Borda* que les observateurs ont employé; et si, après les épreuves faites précédemment, et les observations faites en 1790 à l'observatoire national par les citoyens *Cassini*, *Borda* et *Méchain*, et imprimées dans le dernier volume des mémoires de l'Académie, il pouvoit rester encore quelque *doute* sur la grande précision que donne cet instrument pour *les observations des distances au zénith*, et par conséquent des Latitudes , il suffiroit de consulter les registres des citoyens *Méchain* et *Delambre* pour se convaincre qu'il n'y en a aucun. On y verra dans ces registres la multitude vraiment étonnante des observations; la marche régulière des séries ; l'accord des différentes séries entr'elles ; les précautions qu'on a prises , tant dans les observations que dans les réductions ; les étoiles dont on a fait choix; leurs passages, tant supérieurs qu'inférieurs, qui ont été observés ; et l'on finira par être aussi sûr que le sont les membres de la commission qui ont été spécialement chargés de cet examen, que l'est la commission entière , qu'il n'y a dans aucune des Latitudes observées par les citoyens *Méchain* et *Delambre* une seconde d'incertitude , et que celle qui pourroit y rester encore ne monte pas , ni à beaucoup près, à une demi-seconde.

Ces observations ont été faites à Dunkerque et à Evaux,

par le citoyen *Delambre*; à Carcassonne et à Montjouy,
par le citoyen *Méchain*; et à Paris, par le citoyen
Méchain, à l'observatoire national, et par le citoyen
Delambre, dans son observatoire particulier, rue de
Paradis, au Marais : mais aucun de ces deux observatoires n'entre dans la chaîne des triangles; c'est le Panthéon français, dont la distance à chacun des observatoires dont nous venons de parler est suffisamment
connue pour déterminer sa latitude. Or on trouve pour
le Panthéon, à une quantité insensible près, la même
latitude, soit qu'on la déduise des observations du
citoyen *Méchain*; soit qu'on emploie celles du citoyen
Delambre, preuve de l'extrême exactitude des unes
et des autres.

Telles sont les différentes parties de l'opération que
les citoyens *Méchain* et *Delambre* ont si heureusement
terminée; opération qui surpasse par son étendue, et égale
par sa précision, ce qui a été fait de plus accompli en
ce genre : elle fournit toutes les données nécessaires
pour parvenir à des résultats propres, non-seulement à
fixer les bases du nouveau système métrique, mais encore
à faire naître sur la question si importante de la figure de
la Terre des recherches fort intéressantes et dignes des
mathématiciens les plus célèbres, qui, sans doute, vont
reprendre cette question avec une nouvelle ardeur.

Il ne s'agit plus que de vous indiquer quel a été le travail de la commission pour déduire des résultats de cette
opération, l'unité des mesures de longueur, ou le mètre.

Quatre commissaires se sont spécialement chargés du

D

calcul des triangles ; ils ont fait leurs calculs séparé-
ment et par des méthodes différentes, afin de ne rien
laisser à desirer sur la certitude des résultats. Ils ont
aussi calculé, et toujours par différentes méthodes, les
quatre parties de la méridienne qui se trouvent comprises entre les endroits dont la latitude a été observée,
c'est-à-dire, les arcs terrestres compris entre Dunkerque
et le Panthéon, le Panthéon et Evaux, Evaux et Carcassonne, Carcassonne et Montjouy(1). Les détails de pareils
calculs, et des principes sur lesquels ils sont fondés, ne
sauroient se trouver dans un rapport tel que celui-ci ; ils
ont été exposés à la commission, dans un mémoire qui
est déposé dans les archives de l'Institut. Nous dirons
seulement que la méridienne entre Dunkerque et Mont-
jouy, qui soustend un arc céleste de $9^\circ \frac{6738}{10000}$, et dont
le milieu passe à 46° $11'$ $5''$ de latitude, est de
$275{,}792$ modules et 36 centièmes.

S'il s'agissoit de vous présenter les différentes idées
que les résultats du calcul des parties de la méridienne

---

(1) 1°. La distance entre les parallèles de Dunkerque et du Panthéon, qui
soustend un arc de 2°, 18910, et dont le milieu passe   modules.
par la latitude de 49° $56'$ $30''$, est de . . . . 62472 , 59

2°. La distance entre les parallèles du Panthéon et
d'Evaux, qui soustend un arc de 2°, 66868, et dont le
milieu passe par la latitude de 47° $30'$ $46''$, est de . . . 76145 , 74

3°. La distance entre les parallèles d'Evaux et de Carcassonne, qui soustend un arc de 2°, 96336, et dont le
milieu passe par la latitude de 44° $41'$ $48''$, est de . . . . 84424 , 55

4°. Enfin la distance entre les parallèles de Carcassonne
et de Montjouy, qui soustend un arc de 1°, 85266, et dont
le milieu passe par la latitude de 42° $17'$ $20''$, est de . . . 52749 , 48

ont fait naître, nous fixerions principalement vos regards sur ces deux conclusions : la première, que les degrés moyens, qu'on conclut pour les quatre intervalles dont nous venons de faire mention, décroissent tous à mesure qu'on s'approche de l'Équateur, et qu'ainsi cette opération pourroit elle seule prouver l'aplatissement de la Terre, s'il étoit encore besoin de preuves sur cet article : la seconde, qu'on étoit bien loin de soupçonner, et qui présente un phénomène très-remarquable, digne des recherches des plus profonds mathématiciens, c'est que *ces mêmes* degrés ne suivent pas dans leur diminution une marche graduelle, mais qu'ils décroissent d'abord très-peu et très-lentement entre Paris et Evaux, seulement de deux modules pour un degré de latitude ; ensuite, très-rapidement et très-fortement, de seize modules par degré de latitude, entre Evaux et Carcassonne ; et que cette diminution rapide se ralentit *entre cette ville et Montjouy*, n'étant plus que de sept modules (1).

---

(1) Si l'on déduit des quatre intervalles énoncés ci-desus le degré moyen qu'on en peut conclure, en employant simplement l'hypothèse sphérique, qui suffit pour un premier apperçu, on trouvera en nombres ronds pour le degré moyen,

	modules.	différence.	diff. pour un degré de latitude.
Entre Dunkerque et le Panthéon, à la latitude moyenne de 49° 56′ 30″	28538		
Entre le Panthéon et Evaux, à la latitude moyenne de 47° 30′ 46″	28533	5	2
Entre Evaux et Carcassonne, à la latitude moyenne de 44° 41′ et 4″	28489	44	16
Entre Carcassonne et Montjouy, à la latitude moyenne de 42° 17′ 20″	28472	12	7

D 2

Nous ajouterions à cet exposé succinct, que ce fait si remarquable est intimement lié à un autre, à celui que présentent, tant les différences qu'il y a entre les azimuths calculés pour Bourges, pour Carcassonne, pour Montjouy, d'après celui de Dunkerque pris pour base, et les azimuths observés dans ces trois stations, que la marche de ces mêmes différences ; de sorte que ces deux faits se servent mutuellement de confirmation et d'appui, et que, réunis, ils indiquent, soit une irrégularité dans les méridiens terrestres, soit une ellipticité dans l'équateur et ses parallèles, soit une irrégularité dans l'intérieur de la Terre, soit un effet de l'attraction des montagnes, soit une action puissante de ces différentes causes réunies, ou de quelques-unes d'entr'elles : action qui n'avoit pas été démontrée d'une manière aussi frappante qu'elle l'est par les résultats que nous venons d'indiquer. Ce sera aux mathématiciens les plus célèbres à fixer leur attention sur ces faits, pour tâcher d'en démêler les élémens, et de parvenir sur la figure de la Terre à une théorie plus parfaite que celle que nous possédons jusqu'ici.

Nous ne pouvons vous indiquer ces objets qu'en passant : ils ne sont pas du ressort de la commission des poids et mesures ; mais ils l'avoient trop frappée, et ils sont trop importans pour qu'elle pût les passer sous silence. Bornée, comme elle l'a été, à ce qui concerne la détermination du quart du méridién, puisque c'est de celle-ci que dépend l'unité des mesures, elle a tourné toute son attention vers cet objet ; elle l'a considéré

sous toutes ses faces , et s'est déterminée à s'en tenir
uniquement aux faits , sans y mêler aucune idée théo-
rique sur tel ou tel point susceptible de discussion : elle
a donc employé dans ses calculs l'arc total compris entre
Dunkerque et Montjouy , et qui est , comme nous l'avons
dit , de 275,792 modules et 36 centièmes. Cet arc est le
plus grand de tous ceux qui ont été déterminés jusqu'ici ;
et par là il rend plus petite l'influence , soit des irrégularités qui peuvent se trouver dans la figure et dans l'intérieur de la Terre , soit de celles que de légères erreurs ,
toujours inséparables des observations les mieux faites ,
pourroient produire.

En prenant cet arc pour base , on en a déduit le quart
du méridien par un calcul rigoureux dans l'hypothèse
elliptique. Il falloit , pour faire ce calcul , connoître
l'aplatissement de la Terre : c'est encore l'expérience que
la commission a consultée pour cette détermination.
Pour cet effet, elle a employé , d'une part, le grand arc
que les citoyens *Méchain* et *Delambre* viennent de
mesurer en France ; et de l'autre , celui que d'excellens
observateurs ont mesuré au Pérou , il y a soixante ans ,
à peu près sous l'Équateur même : c'est un de ceux qui
ont été déterminés avec le plus de soins , et discutés
avec le plus d'attention et d'exactitude. Il est d'ailleurs
le plus grand de tous ceux qui ont été mesurés hors
de France , soit par les ordres de différens gouvernemens , soit, comme celui-ci, par les ordres du gouver-
ment français. Enfin sa distance même de l'arc auquel
on *le* compare diminuera l'influence des erreurs qui

pourroient s'être glissées dans sa détermination, puis-qu'elles se trouveront distribuées sur un plus grand intervalle.

La comparaison de ces deux arcs faite avec soin, et par différentes formules, a donné un trois cent trente-quatrième pour l'aplatissement de la Terre ; et il est très-remarquable que cet aplatissement, calculé d'après les données que nous venons d'indiquer, est le même que celui qui résulte de la combinaison d'un grand nombre d'expériences faites dans différens endroits sur la longueur du pendule simple, et qu'il est encore *conforme* à celui que la théorie de la nutation et de la précession exigent. L'accord de ces trois résultats, tirés de trois genres d'observations très-différens, mérite la plus grande attention, et il est bien propre à inspirer beaucoup de confiance sur chacun d'eux. D'ailleurs une légère erreur sur ce point auroit d'autant moins d'influence sur *le résultat définitif, que le milieu de l'arc entier, terminé* par Dunkerque et Montjouy, passe près du quarante-cinquième degré de latitude, ou du degré moyen.

Cet élément du calcul une fois arrêté, le calcul même du quart du méridien ne pouvoit plus offrir de difficulté ; et l'on a trouvé par différentes méthodes, en employant l'arc intercepté entre Dunkerque et Montjouy et un 334e pour l'aplatissement de la Terre, que le quart du méridien terrestre est de 2,565,370 modules : d'où il suit, et c'est là le résultat définitif de tout le travail, que sa dix millionième partie ou le *mètre, unité de mesure*, est de $\frac{256537}{1000000}$ parties du *module*.

Pour réduire cette longueur aux anciennes mesures, nous dirons d'abord, que si le module et la toise du Pérou étoient supposés l'un et l'autre à la température qu'avoit celle-ci lorsqu'elle a été employée par les Académiciens, qui se rapporte au treizième degré du thermomètre à mercure, divisé en quatre-vingts parties, ou au seizième et un quart du thermomètre centigrade, le mètre seroit égal à 443 lignes $\frac{291}{1000}$ de cette toise : ensuite qu'en réduisant, comme il le faut, le module à la température à laquelle *il a été réduit dans l'expression de la longueur des bases, laquelle a servi à calculer les triangles et la méridienne, le mètre vrai et définitif* est de 443 lig. $\frac{296}{1000}$ *de la toise du Pérou*, celle-ci toujours supposée à la température de 16° $\frac{1}{4}$, *puisque c'est à cette seule température que cette toise peut être considérée comme étant celle dont les Académiciens se sont servis. Les variations de longueur que les métaux éprouvent par différentes températures exigent ces attentions.* ⌐⌐

Nous vous avons entretenus assez en détail du travail de la commission pour fixer la vraie longueur du *mètre*, base de tout le système métrique, unité des mesures de longueur. *Les mesures de surface et de capacité s'en déduisent trop facilement, pour qu'il soit nécessaire de s'y arrêter.* Il n'en est pas de même de l'unité de poids : sa détermination dépend d'une foule d'expériences, de considérations, de réductions, plus délicates les unes que les autres ; et ce n'est qu'à force de patience, de soins, d'attention, de dextérité, que le citoyen *Lefévre-Gineau*, auquel l'Institut a confié ce travail, est parvenu à un degré de précision rare. Sachant combien les opérations qu'il avoit à faire sont difficiles, il a desiré (car le vrai mérite, lors même qu'il est universellement reconnu, est toujours modeste, et se défie de ses propres forces) que la commission lui adjoignît un de ses membres pour vérifier les expériences qu'il avoit déja faites, et pour assister à celles qu'il se proposoit de faire encore. Il suffira de dire que le citoyen *Fabbroni* de Florence a été nommé, pour que tout le monde soit convaincu que ces expériences ne pouvoient tomber en de meilleures mains, ni être faites et vérifiées avec plus d'exactitude, ou revêtues d'une plus grande authenticité, ni inspirer plus de confiance. Enfin une commission spéciale s'est occupée de l'examen de tous les registres d'observations et d'expériences, des réductions et des calculs. Nous pourrions nous étendre sur toutes les particularités de ce beau travail, si la nature d'un rapport tel que celui-ci pouvoit nous permettre de vous présenter un grand nombre de résultats purement numériques ; mais, obligés comme nous le sommes, d'une part, de nous restreindre, et, de l'autre, de vous présenter néanmoins des données qui puissent vous faire connoître ce qui a été fait, ce qui devoit se faire, et vous mettre en état de juger du degré de confiance que méritent les résultats définitifs ; per-mettez-nous de vous proposer simplement quelques con-sidérations sur l'esprit général de ces expériences, sur les différens points qu'il s'agit de déterminer, et sur la méthode qu'il a fallu employer pour fixer avec exacti-tude la véritable unité de poids.

Le poids d'un corps exprime la quantité de matière
qu'il contient; mais comme tous les corps ne sont pas
également denses, que les uns contiennent, sous le
même volume, beaucoup plus de matière que d'autres,
on n'auroit qu'une expression vague et indéterminée,
si, à l'idée de quantité de matière, on ne joignoit celle
du volume sous lequel elle est contenue; conséquemment
déterminer l'unité de poids, c'est déterminer la quantité de matière qu'un certain corps, qu'on emploie de
préférence, contient sous un volume dont on est préa-
lablement convenu, afin de rappeler à cette quantité, et
de mesurer par elle, celle que contiennent tous les corps
quelconques. Or, comme la détermination de ce volume
dépend des mesures linéaires, il en résulte que cette
question, *quelle est l'unité de poids?* tient intimement à
celle de la fixation des mesures linéaires, c'est-à-dire, du
mètre; et ensuite que, pour la résoudre entièrement, il
faut, 1°. fixer le volume qu'on emploiera pour terme de
comparaison; 2°. faire choix d'un corps propre à le remplir; 3°. enfin déterminer le poids ou la quantité de
matière que ce corps contient sous ce volume.

Il peut y avoir de l'arbitraire dans le volume qu'on
emploie; mais les usages de la société demandent qu'on
ne prenne pas d'unité trop grande ou trop petite; et
la nature du système métrique décimal exige qu'elle
soit exprimée par un nombre cubique dont la racine est
un *sous-multiple* décimal du *mètre.* L'Académie des
Sciences a sagement adopté la millième partie du *cube du
mètre*, ou, ce qui revient au même, le cube du décimètre.

E

Le corps dont on fait choix pour remplir ce volume n'est nullement indifférent : personne ne doute qu'il ne doive être fluide ; qu'il ne doive être en état de conserver sa fluidité à une température qu'il soit facile d'obtenir par-tout; qu'il ne faut pas qu'il ait un degré de densité qui rendroit les expériences trop difficiles, ou leurs résultats peu exacts : enfin, et sur-tout, il doit être de nature à pouvoir être retrouvé par-tout dans le même degré de pureté, à se dépouiller facilement de toutes les matières hétérogènes qui pourroient se combiner chimiquement avec lui, ou s'y mêler mécaniquement, et propre à rendre la comparaison immédiate avec tous les autres corps très-facile. L'eau paroît posséder ces qualités dans un degré éminent, ou du moins plus qu'aucun autre corps que nous connoissions ; et distillée elle est toujours également pure. Aussi l'Académie des Sciences a-t-elle choisi cette eau pour le corps dont la quantité *de matière*, contenue *sous le cube du décimètre, seroit l'unité de poids.*

Il n'est point de physicien qui ne sache qu'il faut renoncer à l'idée qui se présente la première et le plus naturellement à l'esprit, celle de remplir d'eau distillée un cube, dont le côté seroit un décimètre, et de la peser. Le peu d'exactitude d'un pareil procédé est trop évident pour qu'il soit nécessaire de le développer ; tout le monde sent qu'il faut en revenir à ce principe d'hydrostatique si connu, que le poids d'un fluide contenu sous un certain volume est égal au poids que ce volume, pesé d'abord dans l'air, vient à perdre si on le pèse ensuite dans ce fluide. Mais l'expérience par laquelle on confirme ce

principe, et qui paroît si simple, si facile, quand on la
voit faire dans des cours de physique, devient singulièrement délicate et difficile quand il s'agit de déterminer des quantités absolues. En effet, il faut d'abord
connoître, avec une précision rigoureuse, le volume du
corps qu'on emploie; opération très-compliquée : il faut
ensuite peser ce corps dans l'air et dans l'eau ; deux
opérations qui exigent des attentions que la plupart des
personnes, même instruites, sont bien loin de connoître,
et qu'il est rare de savoir apprécier : il faut enfin faire
aux résultats de ces expériences les réductions que différentes considérations, comme par exemple celles du poids
et de la température de l'air, exigent ; considérations qui
demandent des expériences, des soins et des calculs. Le
résumé général de ce qui a été fait sur chacun de ces
articles donnera des notions exactes et précises de toute
l'opération.

  Il s'agit d'abord de construire un corps qui soit propre
à être pesé et dans l'air et dans l'eau avec exactitude,
et d'en connoître le volume avec la plus grande précision.
Comme ce dernier point est d'une extrême importance,
la figure du corps, qui seroit par elle-même assez indifférente, au moins jusqu'à un certain point, ne l'est plus :
elle doit être celle du corps auquel il sera le plus facile de
donner exactement une figure régulière ; et on a, comme
de raison, choisi le cylindre. Le citoyen *Fortin*, qui a
donné dans l'exécution des machines dont nous vous
parlerons successivement, de nouvelles preuves de ses
talens, a construit en laiton un cylindre *creux* (n'ou-

blions pas cette circonstance ; car ici, rien de ce qui est même minutieux ne doit être omis) dont le diamètre égale à peu près la hauteur, dont le volume est de plus de onze décimètres cubes (ou d'environ cinq cent soixante pouces) ; c'est-à-dire qu'il vaut onze fois celui qu'il s'agit de déterminer ; circonstance qui mérite d'être remarquée, parce que les conclusions qu'on tire d'expériences faites en grand méritent, dans leur application, plus de confiance que celles qui se trouveroient dans un cas contraire. Les parois du cylindre sont soutenues intérieurement par une carcasse qui empêche que ce corps ne change de volume par la pression de l'eau, lorsqu'il s'y trouve plongé ; et il a été fait des expériences pour constater qu'il n'en change pas.

Mais ce cylindre, avec quelque soin qu'il ait été construit, nous dirons même quelque soit le degré de perfection auquel le citoyen *Fortin* l'a amené, n'est point un cylindre parfait, et il ne sauroit l'être dans la rigueur mathématique ; car tel est le sort de l'homme, que sa main ne peut jamais exécuter ce que son génie crée, avec cette précision rigoureuse que son imagination attribue à l'objet idéal : mais aussi telles sont ses ressources, que la sagacité de son esprit lui fait saisir des moyens propres à connoître combien ce qu'il a exécuté diffère de la perfection idéale ; et conséquemment de ramener à celle-ci ce qui ne peut, physiquement parlant, qu'en différer. Ce sont ces moyens que le citoyen *Lefévre-Gineau* a su mettre habilement en usage, à l'aide d'une machine très-ingénieuse du citoyen *Fortin*, par laquelle il a pu

mesurer de légères différences de longueur avec la précision d'un quatre millième de ligne des anciennes mesures, ou d'un dix-sept centième de millimètre. En effet,
si le corps dont il s'agit est un cylindre parfait, il faut
d'abord, au moins dans la pratique, qu'il soit un cylindre
droit, et toutes les expériences démontrent qu'il l'est,
sans qu'il y ait aucune différence que nous soyons en
état d'assigner ; il faut que toutes les perpendiculaires
abaissées d'une des bases sur l'autre, prise pour un plan,
soient égales ; il faut que ces bases, et les coupes qui
leur sont parallèles, soient des cercles parfaits ; il faut
enfin que les diamètres de ces cercles soient exactement
égaux. Il ne s'agit donc que de mesurer ces perpendiculaires et ces diamètres, pour savoir s'ils le sont réellement, ou pour connoître leur inégalité.

Imaginons donc qu'on ait tracé sur les deux bases en
partant du centre, et sur chacune d'elles aux mêmes
distances de celui-ci, trois cercles ; que les circonférences
soient chacune divisées en douze parties par six diamètres :
on aura sur chaque base trente-six points d'intersection.
Supposons qu'on tire une ligne droite de chacun de ces
points, pris sur une des bases, à son point correspondant
sur l'autre base, et l'on aura trente-six lignes, lesquelles
font avec la ligne des centres, ou l'axe, trente-sept hauteurs qui doivent être rigoureusement égales si le cylindre est parfait. Le citoyen *Lefévre-Gineau* a mesuré
chacune de ces hauteurs plusieurs fois, et à chaque fois
il les a comparées à une lame de laiton bien déterminée,
que nous nommerons *règle des hauteurs.* Figurons-

nous encore qu'on ait tracé sur la surface convexe du cylindre, à des distances déterminées, huit cercles, et qu'on ait tiré des droites qui joignent les extrémités des six diamètres correspondans tirés précédemment sur les bases, et on aura quatre-vingt-seize intersections qui formeront quarante-huit diamètres, six pour chaque cercle. Ces diamètres ont été mesurés avec les mêmes soins que les hauteurs, et comparés successivement à une règle de laiton bien déterminée, que nous nommerons *règle des diamètres*. Il seroit superflu d'ajouter qu'on a eu égard à la température, qu'on a pris toutes les précautions pour qu'elle ne variât point pendant le cours de l'expérience, enfin qu'on a porté l'attention la plus scrupuleuse sur tous les détails.

Ces comparaisons ont prouvé que le corps dont il est question n'est pas un cylindre parfait, puisque les deux bases ne sont pas exactement parallèles entre elles, et que même elles ont une légère courbure; que les sections parallèles aux bases ne sont pas, rigoureusement parlant, des cercles, quoiqu'elles en diffèrent d'une quantité extrêmement petite; enfin que les diamètres de ces sections ne sont pas parfaitement égaux, mais augmentent progressivement, quoique très-peu, d'une base à l'autre, et qu'ainsi le corps approche un peu d'être un cône tronqué. Toutes ces différences, quelque petites qu'elles soient réellement, sont donc exactement connues, déterminées avec une grande précision; et conséquemment il n'a pas été difficile à des géomètres de calculer quel doit être le diamètre moyen, quelle doit être la hauteur moyenne d'un cylindre idéal égal au volume du corps employé, sans qu'il en résulte aucune erreur sensible; et c'est ainsi que la légère imperfection, que la main la plus habile ne sauroit éviter dans ce qu'elle entreprend de faire, disparoît, et n'a plus d'influence, dès que des physiciens et des mathématiciens se réunissent pour en faire l'examen et l'évaluation.

Mais cette hauteur et ce diamètre moyens ne sont encore que des quantités relatives, puisque l'une est rapportée à la *règle des hauteurs*, l'autre à celle des *diamètres*. Il a donc fallu déterminer la longueur de ces règles en mesures connues, ce qui a été fait par des moyens analogues à ceux que les citoyens *Borda* et *Brisson* ont employés pour vérifier la longueur du mètre provisoire, et qu'ils ont décrits dans leur *rapport* (1) sur ce sujet. La nature de celui-ci nous interdit tout détail *numérique qui ne présenteroit par lui-même aucun* intérêt. Il suffira de dire qu'à la température de $17^\circ\frac{6}{10}$ du thermomètre centigrade, le volume du cylindre employé *est à très-peu-près* 11 fois le cube du décimètre, plus 29° centièmes (2).

Ce volume étant déterminé, il s'agit de le peser d'abord dans l'air, ensuite dans l'eau distillée, pour connoître le poids d'un pareil volume de cette eau. Il est à ce sujet plus d'une précaution à prendre. Il faut d'abord

---

(1) Rapport sur la *vérification du mètre* : à Paris, de l'imprimerie de la République, *thermidor an 3*.

(2) Exactement à 0.0112900054 du mètre cube.

des balances extrêmement exactes ; celles que le citoyen *Fortin* a faites pour ces expériences sont d'une construction particulière. L'une d'elles, chargée d'un peu plus de deux livres, poids de marc, dans chaque bassin, est encore sensible à la millionième partie de ce poids, c'est-à-dire d'un cinquantième de grain ; et elle trébuche à un dixième de grain lorsque chaque bassin porte environ vingt-trois livres.

Il ne suffit pas d'avoir des *balances* exactes, il faut que les poids qu'on emploie le soient aussi. Le citoyen *Lefévre-Gineau* en a fait faire onze, tous en laiton, tous parfaitement égaux, et vérifiés avec l'attention la plus scrupuleuse : comme ce sont des poids arbitraires, nous les nommerons *unités.* Les subdivisions, faites également avec la plus grande exactitude, étoient des dixièmes, centièmes, millièmes, et ainsi de suite jusqu'à des millionièmes. *Les subdivisions de même nom ont été* comparées entre elles pour juger de leur parfaite égalité, et ensuite, réunies, à leur décuple, pour être certain de leur valeur réelle et absolue. Le citoyen *Lefévre-Gineau* a mis beaucoup d'attention et de patience à tous ces préparatifs, persuadé que ce n'est qu'à ce prix qu'on achète la précision dans ce genre d'expériences.

Il y a plus ; la construction du corps qu'il s'agit de peser n'est pas indifférente. Pour l'exactitude des pesées il faut qu'il soit aussi léger qu'il sera possible, afin qu'il ne fatigue pas trop la balance, et néanmoins il doit être assez pesant pour qu'il plonge dans l'eau par son propre poids ; c'est la raison pour laquelle le cylindre

dont on s'est servi est creux, comme nous l'avons dit
ci-dessus ; et l'excès du poids de sa partie solide sur le
poids d'un volume d'eau égal à tout le corps est très-
petite. Mais, puisque ce cylindre est creux, il s'en suit
qu'il contient de l'air : on a sagement laissé, au moyen
d'un tube de laiton qu'on y applique, une communication libre entre l'air intérieur et celui de l'atmosphère ; lors même que le cylindre est plongé dans l'eau.
Vous sentirez, *dans un moment*, quelle a été la prin-
cipale raison de ce procédé.

Il faut enfin des précautions dans les pesées mêmes,
pour être sûr de l'équilibre vrai. Il faut avoir soin que
le centre de gravité des masses qui font équilibre, cor-
responde avec les centres des bassins ; et comme il se
pourroit qu'il y eût quelque inégalité dans les deux bras
de la balance, il faut se servir du même bras, et pour le
corps qu'on veut peser, et pour le contre - poids qu'on
employe. On cherche donc d'abord l'équilibre entre le
corps à peser et une masse quelconque ; on ôte le corps
à peser du bassin qui le contenoit, et on lui substitue
le contre-poids, *qu'on rend égal à la masse équilibrante ;*
l'égalité *de ce contre-poids et du corps à peser est consé-*
quemment déterminée d'une manière sûre, et absolument indépendante de la parfaite égalité des bras de la
balance, qu'il est si rare de pouvoir obtenir.

Les pesées dans l'air forment la partie la moins difficile de l'opération. Le milieu de cinquante-trois expériences, dont les extrêmes ne diffèrent pas de quarante-
cinq millionièmes parties, a donné pour ce poids onze

F

unités, et $\frac{466}{1000}$ (1). Quoique ce cylindre ait été pesé dans l'air, ce poids est exactement celui qu'il auroit étant pesé dans le vuide, parce que, d'une part, le contre-poids employé est de la même matière que le cylindre, et par conséquent est, à poids égal, de même volume que la partie solide de ce corps ; et que de l'autre l'action de l'air qui soutiendroit le reste du volume apparent de ce cylindre creux, est détruite par la communication qu'on a laissée entre l'air intérieur du cylindre et l'atmosphère : de sorte que, si l'on transportoit dans le vuide tout l'appareil d'une balance à laquelle seroient suspendus, d'un côté le cylindre, de l'autre le contre-poids, l'équilibre qui auroit lieu dans l'air n'y seroit pas détruit.

Il est bien plus difficile (et tous les physiciens en conviendront aisément) de peser le cylindre dans l'eau que dans l'air ; et cependant les extrêmes de trente-six pesées n'ont varié que de quarante-cinq millièmes parties, tant on a employé de soins et de dextérité ; et leur terme moyen a donné, pour le poids apparent du cylindre dans l'eau, à peu près deux cent neuf millièmes parties de l'unité (2). Je dis le poids apparent ; car le poids vrai diffère, par plusieurs raisons, de celui que nous venons d'énoncer : en voici les preuves.

Premièrement, l'air soutient le contre-poids, et ne soutient pas le corps plongé dans l'eau : si donc on transportoit l'appareil dans le vuide, ce contre-poids, perdant

(1) Exactement 11,4660055.
(2) Exactement 0,2094190.

son support, se trouveroit trop fort de toute la quantité dont il a été soutenu, c'est-à-dire du poids de l'air sous un volume égal : première réduction.

Secondement, ce poids apparent n'exprime pas seulement le poids que le cylindre a dans l'eau ; mais en outre, le poids de l'air contenu dans le creux du cylindre. Il faut donc retrancher celui-ci pour obtenir le poids du cylindre seul : seconde réduction.

Troisièmement, ce poids n'est encore que relatif, tant qu'on ne fait pas attention à l'état dans lequel l'eau se trouve, et qu'on ne détermine pas pour celle-ci un état constant. L'eau, comme tous les corps, se dilate par la chaleur, se condense par le froid ; *et un même volume d'eau se trouve par-là avoir différens poids à différentes températures.* C'est pourquoi l'Académie des Sciences a choisi une température constante, celle de la glace fondante : *c'est aussi à peu près à cette température qu'ont été faites les expériences dont nous venons de rendre compte.* Mais, quelques soins que se soient donnés les citoyens *Lefévre-Gineau* et *Fabbroni*, en entourant le vase qui contenoit l'eau, d'une grande quantité de glace pilée, et renouvelant fréquemment celle-ci, ils n'ont jamais pu parvenir à faire descendre le thermomètre centigrade au-dessous de deux dixièmes de degré ; et la température moyenne de l'eau, pendant le cours de leurs expériences, a été de $\frac{3}{10}$.

Mais cette règle générale, que les corps se condensent à mesure que leur température s'abaisse, n'est vraie qu'autant que ces corps ne changent pas de nature : au

moment où ils en changent, toute loi de continuité cesse ;
et l'on sait que l'eau est bien près d'en changer lorsque
le thermomètre est à la glace fondante, ou un peu au-
dessous de ce point, puisqu'il suffit d'une légère augmentation de froid pour la faire passer de l'état de corps
fluide à celui de solide. Mais elle se dilate au moment
de sa congélation ; et si rien ne se fait par saut, cette
dilatation ne commence-t-elle pas avant la congélation
même? Les expériences de *Deluc* paroissoient annoncer
qu'elle a lieu dès le cinquième degré, c'est-à-dire que là
seroit la limite de la condensation, le point qui sépare
la condensation de la dilatation, celui où l'eau est à son
maximum de densité. Cet objet étoit trop important
pour qu'on ne fît pas les recherches nécessaires pour le
déterminer ; et c'est sur-tout sur ce point que l'on doit
beaucoup au zèle et aux lumières du citoyen *Tralles*,
qui a profondément discuté tout ce qui y a rapport. En
effet, les expériences du citoyen *Lefèvre-Gineau* ont
fourni les moyens de parvenir à un résultat précis. Ce
physicien, desirant lui-même de connoître ce qui pouvoit avoir lieu sur cette matière, avoit eu l'attention de
faire des pesées très-exactes, non seulement aux envi-
rons du point de la glace fondante, mais encore à des
températures plus élevées : on les a examinées, combinées
entr'elles ; on en a calculé les résultats, et il a été prouvé
que le corps plongé dans l'eau est d'autant plus soutenu
par ce fluide que celui-ci se refroidit davantage, et cela
jusques vers le quatrième degré ; mais que, passé ce
terme, il l'est graduellement moins à mesure que la

température approche du terme de la glace : d'où il
suit que l'eau se condense jusqu'à un certain degré,
et se dilate ensuite passé ce terme ; point de Physique
important qui ne peut plus être sujet au doute ; et c'est
ainsi que des expériences bien faites présentent toujours
des résultats intéressans, souvent même nouveaux : mais
ce n'est que l'homme de génie qui les entrevoit, que le
mathématicien qui peut les saisir avec précision, et en
calculer la valeur. Il y a *plus*, cette vérité directement
constatée par les pesées, c'est-à-dire par les poids successivement plus grands jusqu'à un certain terme, et
puis graduellement plus petits, que perd le corps plongé
dans l'eau, méritoit d'être confirmée par l'évaluation
immédiate des condensations ou des dilatations mêmes.
Le citoyen *Lefévre-Gineau* a encore fait, sur ce sujet,
des expériences qui seront publiées en détail. Elles sont
infiniment précieuses pour notre objet, puisqu'elles nous
prouvent que la nature nous présente un état de l'eau
non seulement constant, mais même *unique*, celui où
elle a un *maximum* de densité : d'où il suit que cet état
unique seul doit servir de mesure aux autres, qui sont
variables. Aussi la commission n'a-t-elle pas hésité à
l'employer, et à retrancher encore du poids apparent
primitivement fixé, $\frac{144}{100000}$ parties de l'unité, que le corps
perd de plus lorsque l'eau est à son *maximum* de densité,
que lorsqu'elle est à $\frac{3}{10}$ au-dessus de la glace ; et c'est-là
une troisième réduction ; réduction nouvelle, importante,
et absolument indépendante de la connoissance de la
température. Toutes ces réductions donnent pour le vrai

poids du cylindre dans l'eau distillée, prise au *maximum* de sa densité, $\frac{195}{1000}$ parties de l'unité (1).

Tel est le résultat des pesées; il ne s'agit plus que d'en déduire les conclusions.

Si l'on retranche le poids du cylindre pesé dans l'eau, du poids qu'il a étant pesé dans l'air, et qui, comme nous l'avons dit, est le même que celui qu'il auroit eu pesé dans le vuide, on trouvera que ce poids est de onze unités et $\frac{27}{100}$ (2), et c'est-là le poids de l'eau distillée, prise à son *maximum* de densité, et contenue sous un volume égal à celui du cylindre. Mais quel est ce volume? Nous vous avons dit ci-dessus qu'il étoit de onze décimètres cubes, et $\frac{29}{100}$ (3); mais, dans la pesée, le volume a changé, il n'est plus celui que nous venons d'énoncer. En effet, le cylindre avoit ce volume à la température de 17° $\frac{1}{4}$; mais il étoit à la température de $\frac{3}{10}$ quand il a été pesé dans l'eau : il a donc éprouvé une contraction, une diminution de volume, à laquelle il faut faire attention, et que le résultat de l'expérience sur la dilatation du laiton nous met en état de calculer. D'un autre côté, le volume a acquis une petite augmentation, parce qu'une partie du tube auquel on le suspendoit, plongeoit dans l'eau; augmentation à laquelle on a eu égard : et ces deux considérations ont réduit le volume primitif à onze décimètres

(1) Exactement 0.1953268.
(2) Exactement 11.2706787.
(3) Exactement 11.2900055.

cubes et $\frac{28}{100}$ (1), et c'est là le volume d'eau qui pèse onze unités et $\frac{27}{100}$; d'où il est aisé de conclure qu'un seul *décimètre cube d'eau*, réduite à son *maximum* de densité, pèse 999 millièmes parties de l'unité (2); poids qui constitue ce qu'on nomme, dans le nouveau système métrique, le *kilogramme*; *kilogramme* vrai, et qui se trouve déterminé par une suite d'expériences, de calculs et de réductions, auxquels on ne se seroit peut-être pas attendu au premier abord.

Mais quel est le rapport de ce poids arbitraire, que nous avons nommé *unité*, aux anciens poids? C'est une dernière question qu'il s'agit de résoudre. On s'est servi de ce corps précieux, et respectable même par son antiquité, qu'on nomme la *pile de Charlemagne*, et dont le poids est de cinquante marcs. Le citoyen *Lefévre-Gineau* a pesé itérativement, et avec le plus grand soin, ces cinquante marcs, c'est-à-dire cette pile entière, et il a trouvé qu'elle est égale à douze unités et $\frac{2279}{10000}$ (3); d'où il résulte que chaque unité est égale au poids de 18842 (4) grains poids de marc; et que le vrai *kilogramme*, le poids d'un décimètre cube d'eau distillée, prise à son *maximum* de densité, et pesée dans le vuide, ou *l'unité de poids*, est de 18827 grains, ou de 2 livres 5 gros 35 grains (5).

---

(1) Exactement 11.2796203.
(2) Exactement 0,9992072.
(3) Exactement 12,2279475.
(4) Exactement 18842.088.
(5) Exactement 18827, 15 gr. Comme les physiciens se sont beaucoup

Si la pile dite de Charlemagne avoit été faite avec une précision rigoureuse, le marc unique creux et le marc plein, qui en font parties, seroient égaux entre eux, et chacun d'eux seroit égal à la cinquantième partie de la pile entière. Mais quoique cette pile ait été faite avec soin, et avec une exactitude à laquelle on ne s'attendroit peut-être pas dans un monument de ce genre du quatorzième siècle, où l'on prétend que ce poids a été fait, ou renouvelé, le marc creux et le marc plein diffèrent, et entr'eux, et de la cinquantième partie du total, d'une quantité, petite à la vérité, mais néanmoins réelle et sensible (1). Le *marc* que le célèbre *Tillet* a employé en 1767, dans le grand travail qu'il fit alors, pour la comparaison des poids employés dans plusieurs parties de la France et dans d'autres pays, (*marc* que la commission a eu occasion de vérifier, puisque l'un de ses membres, le citoyen *Brisson*, en possède un qui lui a été fourni par *Tillet* même,) est encore différent de

occupés de fixer le poids d'un pied cube d'eau distillée, *nous ajouterons que*, d'après ces expériences, le pied cube d'eau distillée, *prise à son maximum de densité*, est de 70 liv. 223 grains ; qu'il pèse 70 liv. 141 grains, si on prend l'eau à la température de $\frac{1}{10}$ de degré, et qu'il seroit de 70 liv. 130 grains, si on prenoit l'eau à la glace fondante.

(1) Le marc, supposé la cinquantième partie de la pile entière, a été trouvé de . . . . 0.2445589 unité.
     Le marc creux . . 0.2445127
         plein . . 0.2444675
Ainsi les différences sont, entre le marc pris de la pile entière et le marc creux, de 0.87 grains : entre le même et le marc plein, de 1.72 grains ; entre le marc creux et le marc plein, de 0.85 grains.

ceux dont nous venons de parler. Les marcs employés dans le commerce se trouveront donc différer entr'eux, selon les étalons d'après lesquels ils auront été faits ; différences qui en prouvant, d'un côté, que jusqu'à ce jour on n'a pas eu de poids uniformes, et qu'il est temps de remédier à un inconvénient aussi grave, fait voir de l'autre, que dans l'évaluation qu'elle fait du kilogramme en poids anciens, la commission doit s'en tenir au marc moyen de la pile de Charlemagne. C'est aussi à ce marc moyen qu'on a comparé le kilogramme provisoire, qui avoit été fixé, d'après les expériences des citoyens *Lavoisier* et *Haüy*, à 18841 grains.

Tel est le précis des expériences qui ont été faites pour les déterminations de l'unité de poids, seconde base essentielle du système métrique. Dignes émules des citoyens *Méchain* et *Delambre*, les citoyens *Lefévre-Gineau* et *Fabbroni* ont contribué avec eux, comme à l'envi, chacun dans la partie qui lui a été confiée, à la perfection d'un système métrique, attendu depuis long-temps avec impatience par tous ceux qui attachent de l'importance au bien-être de la société, à la facilité des opérations de commerce, à leur intégrité, et à tout ce qui peut contribuer à en bannir les fraudes, les voies obliques, et ces manœuvres si fréquentes, mais non moins condamnables, fondées uniquement sur les différences réelles qu'il y a entre des mesures qui portent le même nom, et que néanmoins on fait tacitement passer pour égales ; différences sur lesquelles la plupart des hommes ne sont, ni ne peuvent être, instruits.

G

Il nous reste à vous présenter les étalons que la commission des poids a fait faire, et à vous proposer quelques réflexions intéressantes sur ce sujet.

Commençons par l'étalon du Mètre.

Nous avons dit que le mètre, la dix-millionième par-
tie du quart du méridien, est de 443 l. $\frac{296}{1000}$ de la toise
du Pérou. Une ligne mathématique qui auroit cette
longueur, seroit donc le mètre, un mètre mathématique,
idéal, et à l'abri de toute variation. Mais il s'agit d'un
étalon, c'est-à-dire d'un mètre, si je puis m'exprimer
ainsi, *matériel, physique,* qui représente le *mètre idéal*
dont nous venons de parler. La loi du 18 germinal an 3
fixe la matière dont ce mètre étalon doit être fait. « Ce
» sera, dit l'article II, une règle de platine sur la-
» quelle sera tracé le mètre : cet étalon sera exécuté
» avec la plus grande précision, d'après les expériences
» et les observations des commissaires chargés de sa
» détermination, et il sera déposé près du Corps légis-
» latif, ainsi que le procès-verbal des opérations qui
» auront servi à le déterminer. » Et l'article III nomme
cet étalon, *l'étalon prototype.* La commission a donc
employé la platine, conformément à la loi ; mais ce
métal, comme tous les autres corps, éprouve des variations de longueur, par celles de température ; ainsi un
mètre fait de platine ne sauroit avoir dans tous les temps
la longueur du mètre idéal, comme aussi des mètres faits
de différens métaux ne sauroient être égaux entr'eux à
toutes les températures : il n'en est qu'une à laquelle *ils le*
sont, et peuvent l'être. Ces différences tiennent à la nature

même des choses , et sont hors de la puissance de
l'homme ; ce qui lui reste , c'est la faculté de tout réduire à un terme constant et invariable. Ce terme dépend ici du degré de température qu'on choisira , pour
donner exactement au mètre de platine la longueur de
la dix - millionième du quart du méridien terrestre déterminée ci-dessus , et au degré de température auquel
tous les mètres , de quelque matière qu'ils soient faits ,
seront exactement égaux entre eux et à celui-ci. La commission , en *suivant l'esprit du système métrique proposé par l'Académie* et adopté par la loi , a choisi la
température de la glace fondante , ou ce que nous nom-
mons le *zéro* de nos thermomètres ; température constante. C'est donc à cette température que l'étalon de
platine a été rendu égal à 443 l. $\frac{296}{1000}$ de la toise du
Pérou , cette toise étant supposée à 16° $\frac{1}{4}$, comme il a
été dit ci-dessus.

Nous présentons à l'Institut , au nom de la classe
des sciences mathématiques et physiques , le mètre en
platine destiné à être offert au Corps législatif , et à y
rester en dépôt. Il a été fait , comme tous les autres ,
par l'excellent artiste *Lenoir* , sous la direction des
membres de la commission qui ont été nommés pour
suivre cet objet ; et il a été vérifié avec le plus grand
soin et avec des précautions qui seront constatées par
un procès-verbal. Cet étalon sera , sans doute , conservé
avec le même soin , je dirois volontiers, avec ce même
respect religieux , avec lequel on a conservé la *pile de
Charlemagne* pendant cinq siècles , au bout desquels

ce précieux monument se trouve n'avoir pas subi de changement. Mais, par sa nature même, cet étalon de platine ne doit servir que dans les cas, extrêmement rares, où il s'agiroit de faire des vérifications très-importantes ; il ne sauroit servir aux étalonages ordinaires, et ne doit absolument pas être employé. Aussi la commission a-t-elle fait faire, avec le même soin et avec les mêmes précautions, des mètres de fer exactement égaux entr'eux, et, à la température de la glace fondante, à celui de platine dont nous venons de parler. Nous en présentons quelques-uns à l'Institut : *ils devront* servir à étaloner les mètres destinés aux usages de la société, et ils portent aux deux extrémités des saillies en laiton pour les préserver de toute usure. Mais puisqu'aucun métal ne conserve constamment la même longueur, et que différens métaux éprouvent des changemens différens par les mêmes variations de température, il conviendroit de faire ces *étalonages au dixième ou au quinzième* degré du thermomètre centigrade, puisqu'alors une variation de dix degrés dans la température, **variation qui produit, ou le froid à peu près glacial, ou un assez grand degré de chaleur, ne feroit différer entre eux des mètres, faits de différens métaux, que de** $\frac{5}{100}$ **de millimètre, s'ils sont, l'un de fer, et l'autre de platine ;** et de $\frac{6}{100}$ de millimètre, s'ils sont de laiton et de fer : à quoi nous croyons devoir ajouter que le mètre provisoire, qui a été fait en laiton, a été déterminé pour la température de 10 du thermomètre centigrade.

Nous présentons aussi les étalons des poids : d'abord,

un kilogramme de platine destiné pour le corps législatif, et pour y être conservé avec les attentions les plus scrupuleuses, sans qu'on en fasse jamais d'usage que pour les cas rares d'une grande importance ; ensuite plusieurs kilogrammes de laiton faits avec la même exactitude, égaux entr'eux, et qui sont destinés aux usages civils et aux étalonages ordinaires. Tous ces kilogrammes ont été faits par le citoyen *Fortin*.

Quoique ces deux kilogrammes, celui de platine et celui de laiton, soient l'un et l'autre des *kilogrammes vrais*, *ils n'ont pas le même poids* étant pesés à l'air, et ne doivent pas l'avoir : le kilogramme de laiton est le seul qu'il faille employer pour les pesées dans l'air. C'est un paradoxe que nous devons nécessairement vous expliquer : il tient uniquement à la différence des métaux, et l'explication sera aussi courte que simple.

Qu'est-ce qu'une masse de métal qu'on nomme kilogramme ? *C'est le représentatif d'une masse d'eau*, prise à son *maximum* de condensation, contenue dans le cube du décimètre, et pesé dans le vuide. Nos deux kilogrammes de platine et de laiton, ces deux représentatifs *d'une même masse d'eau*, doivent donc avoir le même *poids dans le vuide* : mais par là même ils ne peuvent être égaux en poids que là, et doivent être inégaux dans l'air. Figurons-nous, en effet, qu'ils soient suspendus dans un récipient, mais dans l'air, à la balance la plus exacte et la plus mobile, et qu'ils soient dans un équilibre parfait : nous aurons, d'un côté, un volume, celui de laiton, d'un peu plus de six pouces cubiques ;

et de l'autre , un volume, celui de platine , de deux
pouces $\frac{4}{10}$ seulement : c'est l'image d'une expérience de
physique que tout le monde connoît. Supposons qu'on
fasse le vuide dans ce récipient , c'est-à-dire, qu'on en
fasse sortir l'air qui soutenoit les corps à raison de leur
volume ; qu'arrivera-t-il ? Le kilogramme de laiton , perdant deux fois et demie plus de support que celui de
platine, prévaudra ; il se trouvera avoir plus de poids ;
et cet excès sera le poids de trois pouces et $\frac{6}{10}$ d'air qui
formoient l'excès du support pour le laiton au-dessus
de celui pour le platine ; et conséquemment il sera de
1 gr. $\frac{2}{3}$. Au contraire , si le kilogramme de platine avoit
été à l'air plus pesant de 1 gr. $\frac{2}{3}$, ou de 88 milli-
grammes et $\frac{4}{10}$, le kilogramme de laiton devenant dans
le vuide plus pesant de cette quantité , l'équilibre auroit
été rétabli ; et les deux masses auroient dans le vuide
le même poids , celui de la masse d'eau dont ils sont
les représentatifs, et qui , comme nous l'avons dit ci-
dessus , est exprimé dans le vuide , comme dans l'air ,
par le contre-poids de laiton qu'on a employé dans le
cours des expériences. Nous avons cru devoir faire cette
observation , simple , à la vérité , mais d'un genre assez
délicat pour expliquer par quelles raisons deux corps
de différente densité , représentatifs l'un et l'autre d'une
même masse d'eau , ou du kilogramme vrai , doivent
nécessairement être inégaux en poids quand on les pèse
à l'air , et pourquoi , puisque c'est dans ce fluide que
nous faisons toutes nos pesées , la masse de laiton est
la seule qu'on doit employer pour les étalonages et pour
représenter le kilogramme primitif.

Tels sont donc les étalons vrais des deux unités dans le nouveau système métrique, celui de l'unité de longueur, et celui de l'unité de poids; ils seront sans doute conservés avec le plus grand soin. Mais tel est encore l'avantage du nouveau système métrique, avantage non accidentel, mais qui lui est vraiment essentiel, parce que son essence est d'employer des types de mesures pris dans la nature : c'est que, quand même tous les étalons viendroient à être détruits, anéantis, de sorte qu'il ne restât de tout le système d'autre trace que le seul souvenir, que l'une des deux unités est la dix-millionième partie du quart du méridien terrestre, et l'autre, la masse d'eau prise à son *maximum* de densité, et contenue dans le cube de la dixième partie de la première unité, on pourroit encore retrouver parfaitement leur valeur primitive. Il est aisé de sentir que, pour recouvrer celle des poids, il n'y auroit qu'à répéter les *expériences du citoyen Lefévre-Gineau*, et qu'à y mettre les mêmes soins et la même dextérité qu'il a employés; expériences pénibles, il est vrai, mais qu'on peut faire dans tous les temps et par-tout sans se déplacer. Il ne s'agiroit donc que de rétablir le *mètre ;* et il ne seroit pas nécessaire pour cela de répéter une opération aussi difficile, aussi délicate, que celle que les citoyens *Méchain* et *Delambre* viennent de terminer. Il suffiroit d'exprimer dès-à-présent en parties du mètre la longueur du pendule simple, qui bat les secondes dans un lieu déterminé ; et de donner aux expériences qui serviroient à fixer cette longueur un degré d'exactitude qui ne laissât rien

à desirer. La longueur du pendule deviendroit par là une
unité secondaire infiniment précieuse à tous égards ;
unité encore puisée dans la nature , et dont aucune
cause destructive quelconque ne sauroit altérer la longueur. Aussi l'Académie des Sciences avoit-elle parfaitement saisi cette idée ; et un de ses premiers soins , en
méditant sur le systême métrique , a été de nommer des
commissaires pour faire des expériences sur la longueur
du pendule : elles ont été faites à l'observatoire national
par les citoyens *Borda* , *Méchain* et *Cassini* avec un
appareil digne du génie de ceux qui l'ont imaginé, et
à l'exactitude duquel il seroit difficile, pour ne pas
dire impossible , de rien ajouter. C'est encore le citoyen
Lenoir qui l'a exécuté. *Borda* a décrit ces expériences
dans un mémoire dont il a présenté une copie à la
commission , et qui sera imprimé. Nous nous conten-
terons de dire que par un milieu de vingt expériences ,
toutes faites avec une précision singulière , puisque ce
milieu ne s'écarte pas d'un cent-millième des extrêmes ,
et discutées avec cette sagacité rare qui caractérisoit
d'une manière si distinguée le citoyen *Borda*, dont nous
pleurons encore amèrement la perte, cette longueur du
pendule simple qui bat les secondes à Paris a été
trouvée de $\frac{2549919}{10000000}$ du module, supposé à la glace fondante : d'où il est aisé de conclure que cette longueur
est de $\frac{993977}{10000000}$ du mètre. Il sera donc toujours facile
de retrouver le mètre en déterminant à Paris la longueur
du pendule simple ; il seroit même très-avantageux, *pour*
le perfectionnement des sciences physiques , *que la*

longueur fût déterminée avec la plus grande exactitude pour plusieurs endroits, et principalement au bord de la mer, sous la latitude du quarante-cinquième degré. L'Académie des Sciences, qui sentoit toute l'importance dont cette expérience pouvoit être, l'avoit proposée comme devant couronner cette grande opération, et lui servir de complément : espérons qu'elle pourra être exécutée sous peu, comme elle mérite de l'être.

Tel est, Citoyens, le résumé général de ce qui a été fait pour la détermination des bases du système métrique, et des conclusions les plus générales déduites d'une opération qui fera époque dans l'histoire des sciences. La commission des poids et mesures a fait tous ses efforts pour remplir la tâche qui lui avoit été prescrite, d'une manière qui pût mériter votre approbation, comme elle a obtenu celle de la classe des sciences physiques et mathématiques. Il ne nous reste qu'à former des vœux pour que ce beau système métrique s'établisse dans la République française entière avec toute la célérité que son bien-être, la nature des choses et la prudence pourront permettre ; qu'il soit adopté par tous les peuples de la terre ; et qu'il serve à faciliter leurs liaisons commerciales, à en assurer l'intégrité, et à resserrer entr'eux les nœuds fraternels qui devroient les unir. Puisse une paix, aussi glorieuse qu'elle est ardemment desirée, hâter le moment de cette union, et assurer à l'Europe entière un état heureux et tranquille !

RÉPONSE

DU C^{en}. GENISSIEU,

Président du Conseil des Cinq-Cents,

AUX COMMISSAIRES DE L'INSTITUT NATIONAL.

Séance du 4 messidor an 7.

CITOYENS,

Ce n'étoit pas assez que les hommes qui observent et étudient la nature, dont ils surprennent et dévoilent chaque jour les secrets, qui cultivent avec assiduité les plus hautes sciences, qui en étendent le domaine, et en rendent *l'utilité sensible*, palpable et usuelle par le perfectionnement des arts, et des méthodes extrêmement simplifiées : ce n'étoit pas assez, dis-je, que ces hommes précieux à l'humanité, parmi lesquels l'histoire impartiale, d'accord avec vos contemporains, vous comptera honorablement, eussent conçu la grande et sublime idée d'asseoir éternellement l'uniformité si *desirée* des poids et mesures sur une base qui pût être reconnue par tous les peuples de la terre, et qui, étant invariable parce qu'elle seroit prise dans la nature, pût convenir à tous les temps et à tous les lieux ; ce n'étoit pas assez qu'ils eussent cherché et trouvé cette base : il falloit encore en tirer les avantages, en déduire toutes les conséquences, en assurer et multiplier la jouissance. C'est ce que vous avez fait. Votre hommage, agréable au Conseil, ne le sera pas moins au peuple français. Il remarquera avec intérêt que c'est au milieu d'une crise salutaire, et au moment où le cri *aux armes* se fait entendre pour repousser des barbares, ennemis de toutes les lumières et de toute civilisation, que le travail constant et opiniâtre des savans et des artistes perfectionne et exécute, avec la confiance d'une fierté mâle et républicaine, ce que le génie avoit conçu et disposé aussi au milieu des plus grands mouvemens révolutionnaires : tant il est vrai que l'opposition et la résistance aux pensées et institutions libérales sont impuissantes, et *ne font que leur donner un nouvel essor, une nouvelle force.* Pendant que vous continuerez, citoyens, à répandre l'instruction et les lumières, et à ranimer l'esprit public, le Corps législatif, de concert avec le Directoire, travaillera à rappeler l'ordre, l'économie, la confiance et le bonheur ; et le courage des Français, réunis sous les drapeaux, dirigés par les chefs qui les ont si souvent conduits à la victoire, fera encore pâlir nos ennemis.

RÉPONSE

DE P. C. L. BAUDIN (des Ardennes),

Président du Conseil des Anciens,

Au discours prononcé au nom de l'Institut national des sciences et des arts.

Séance du 4 messidor an 7.

———————

CITOYENS,

S'IL fut jamais une occasion où la loi se soit montrée d'une manière éclatante avec le caractère auguste qui la rend *l'expression de la volonté générale*, c'est assurément lorsqu'elle a prescrit l'uniformité de poids et de mesures ; uniformité provoquée par l'Assemblée constituante, depuis consacrée par la Convention nationale dans notre Constitution républicaine, et enfin réalisée par les travaux de l'Institut national des sciences et des arts.

Que répondront à ce grand succès ceux qui croient impossible de rien obtenir d'important, de durable et de solide, que lorsque la puissance est concentrée dans la main d'un seul ? César et Charlemagne avoient conçu l'un et l'autre le dessein de réduire ainsi les mesures à une seule, et quels hommes ont jamais régné sur un plus vaste territoire, ou déployé avec plus d'avantage la force qui naît de la qualité de conquérant, et l'ascendant plus irrésistible encore du génie qu'une bouche républicaine ne leur contestera point ! Tous deux cependant échouèrent dans une entreprise efficacement commencée par la Nation française, dès qu'elle s'est vue renaître à la liberté, et complètement exécutée après l'établissement de la République.

Ne soyons pas néanmoins étonnés si les résultats d'une opération ardemment désirée dans tous les temps et dans tous les pays paroissent reçus avec peu d'empressement de la génération actuelle, qui, d'abord, les avoit aussi demandés avec instance. N'attribuons point le dégoût ou même l'opposition à l'inconstance, encore moins au secret attachement pour l'ancien ordre de choses, quand on ne peut ici soupçonner que la résistance prenne sa source ni dans les principes religieux, ni dans les intérêts de la vanité, ni dans ceux de la fortune. Ce même Rousseau, de qui nous avons emprunté l'admirable définition de la loi, nous apprend comment on peut accueillir avec froideur un présent universellement attendu. *Les hommes*, a-t-il dit, *préféreront toujours une mauvaise manière de savoir à une meilleure manière d'apprendre* (Dict. de Mus.) Il n'est personne qui ne se soit récrié contre la prodigieuse variété des mesures, qui n'ait été fatigué d'en changer plusieurs fois dans l'espace de chemin que celui qui voyage à pied parcourt dans une journée ; personne qui ne se soit plaint de voir confondre, par une dénomination identique, des quantités très-inégales, et qui n'ait éprouvé ou du moins redouté les surprises que favorisoit cette équivoque au profit de la mauvaise foi : mais, s'il faut le dire, chacun, pour faire cesser cette bigarrure, s'est persuadé qu'il falloit que tous adoptassent la nomenclature et les dimensions qui lui étoient personnellement familières.

Ainsi, quand le vœu général est évidemment exaucé, toutes les prétentions particulières se trouvent déçues. J'ose appliquer cette remarque à de plus grands intérêts. La Nation française voulut être libre ; nul individu , nul parti ne s'approprîera les fruits de dix ans d'efforts et de sacrifices ; la liberté sera commune à tous, et pour tous les objets auxquels elle est applicable.

En vain les deux Assemblées que la nation avoit investies de pouvoirs les plus éminens, auroient-elles proclamé l'unité des poids et des mesures, si la nation n'avoit aussi fourni des hommes armés de ce pouvoir qu'aucune délégation ne communique , de celui que donne une raison forte , long - temps exercée et perfectionnée par l'étude. Les savans appelés à seconder le vœu du législateur devoient choisir entre les innombrables mesures consacrées par l'usage , et fonder la préférence qu'ils auroient donnée à l'une d'elles , sur des motifs tellement imposans que leur évidence subjugât tous les esprits ; ou si l'on arrivoit à reconnoître que toutes les mesures usitées avoient le vice commun d'être arbitraires, la tâche du génie consistoit alors à trouver une nouvelle base qui , prise dans la nature , fût inviolable comme elle , et se présentât environnée de toute l'autorité qui dérive d'une telle origine.

Voilà , citoyens, le service immortel qu'a rendu l'Institut national à la République française, ou plutôt le bienfait qu'il offre au genre humain ; car si une découverte de cette importance honore et les hommes à qui nous en sommes redevables et le siècle auquel elle appartient, elle doit aussi passer aux âges suivans et franchir les limites qui séparent les peuples pour former entr'eux un lien commun qui les unisse.

Déja nous en avons un gage dans le concours de tant de savans coopérateurs , associés à vos travaux par les nations alliées ou neutres. Si la forme des gouvernemens qui les ont envoyés n'est pas la même, ils sont tous citoyens de cette République des lettres essentiellement féconde en sentimens généreux , toujours zélée pour le progrès des idées libérales, et constamment fidèle à l'esprit de fraternité même au sein des discordes politiques et des fureurs de la guerre.

Citoyens, la constitution de la République française, après
avoir établi les divers pouvoirs politiques, place à leur suite
et sur la même ligne, la puissance des lumières qui répand
sur eux son éclat ; l'Institut national est en quelque sorte la
science constituée, et si l'autorité doit accueillir, honorer,
encourager, récompenser les talens, ils doivent à votre exemple dévouer leurs services à la République et concourir comme
vous à son bonheur et à sa gloire.

Ne doutez, citoyens, ni de l'intérêt avec lequel le Conseil
des Anciens vient d'entendre les noms de ces illustres étrangers que vous lui avez fait connoître, ni de la satisfaction qu'il
éprouve en les voyant réunis avec vous dans cette enceinte,
ni de son admiration pour des travaux si habilement conçus,
si courageusement suivis et si glorieusement terminés. Soyez
également convaincus et du prix qu'il attache au compte lu-
mineux que vous venez de lui rendre, et de son empressement à jouir de ce rapport où les citoyens Van-Swinden et
Tralles ont développé avec autant de clarté que de savoir,
des détails précieux et si dignes d'être promptement et géné-
ralement connus.

L'an sept de la République française, une et indivisible, le quatre messidor,
trois heures après midi, le citoyen *Pierre-Simon Laplace*, l'un des ex-pré-
sidens de l'Institut national des sciences et des arts, remplaçant le citoyen
Bougainville, absent pour cause de maladie, président actuel ; le citoyen
Louis Lefèvre-Gineau, le citoyen *Antoine Mongès*, secrétaires de l'Institut ;
les membres nationaux et étrangers de la commission des poids et mesures :
savoir,

LES CITOYENS,

D'Arcet, de l'Institut national ;
Fabbroni, envoyé de Toscane ;
Van-Swinden, envoyé de la république batave ;
Mascheroni, envoyé de la république cisalpine ;

Vassalli , envoyé du gouvernement provisoire de Piémont ;
Aeneae , envoyé de la république batave ;
Lagrange , de l'Institut national ;
Méchain , de l'Institut national ;
Multedo , envoyé de la république ligurienne ;
Pedrayes , envoyé de l'Espagne ;
Ciscar , envoyé de l'Espagne ;
Legendre , de l'Institut national ;
Tralles , envoyé de la république helvétique ;
Delambre , de l'Institut national ;
Brisson , de l'Institut national.

(Est à observer que les citoyens Laplace et Lefévre-Gineau sont membres de la commission des poids et mesures.)

Les citoyens *Lenoir* et *Fortin* , artistes, adjoints à la commission ;
Le citoyen *Garran-Coulon* , membre de l'Institut national ;
Après avoir présenté à l'un et l'autre Conseil l'étalon du mètre et l'étalon du kilogramme , l'un et l'autre en platine , se sont rendus aux archives de la République , pour y faire , en exécution de la loi du 18 germinal an 3 , le dépôt des deux étalons , renfermés chacun dans une boîte fermant à clef.

Le citoyen *Armand-Gaston Camus* , membre de l'Institut national , garde des archives de la République , a reçu les deux étalons , l'un et l'autre en bon état ; *et sur-le-champ, il les a renfermés dans la double armoire en fer fermant à quatre clefs.*

De ce que dessus , le présent procès-verbal a été dressé en double minute , dont l'une , après avoir été scellée du sceau des archives , a été remise au citoyen président de l'Institut ; et tous les citoyens comparans ont signé avec le garde des archives de la République.

Signé : Laplace , *ex-président de l'Institut national ;* L. Lefévre-Gineau , *secrétaire ;* Antoine Mongès , *secrétaire ;* Brisson ; Delambre ; Fabbroni ; Lagrange ; Multedo ; H. Aeneae; Vassalli ; Legendre ; Ciscar ; Pedrayes ; Méchain ; J. H. Van-Swinden ; Fortin; D'Arcet ; Tralles ; Lenoir ; Mascheroni ; J. Ph. Garran ; Camus.

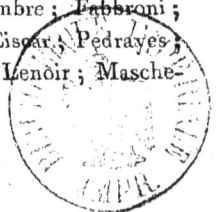

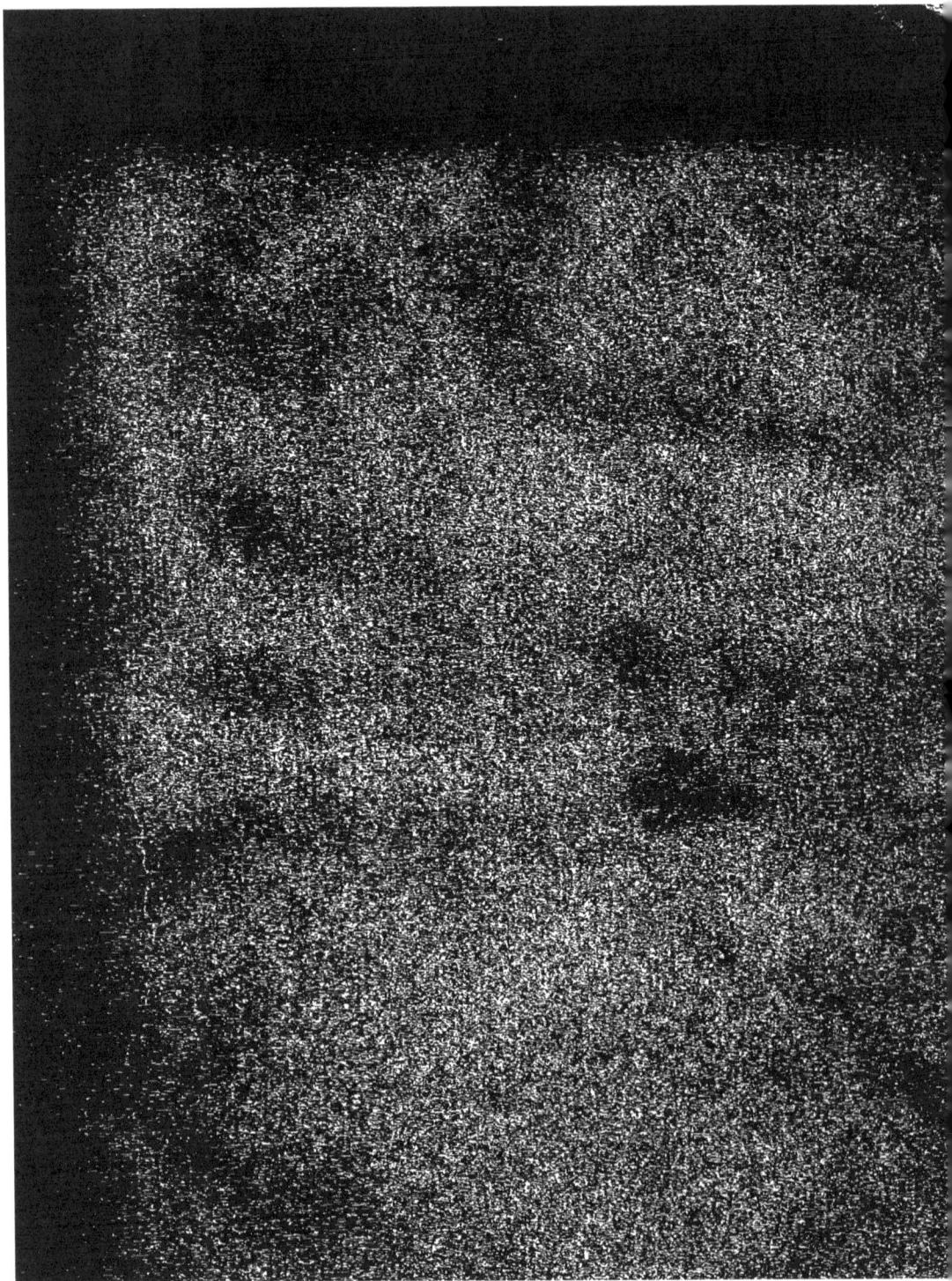

www.ingramcontent.com/pod-product-compliance
Lightning Source LLC
Chambersburg PA
CBHW050610210326
41521CB00008B/1189